环境政策的费用效益分析
——理论方法与案例

Cost-benefit Analysis for Environmental Policy:
Theories and Cases

蒋洪强　程　曦　周　佳　卢亚灵　张　伟　刘年磊　等著

中国环境出版集团·北京

图书在版编目（CIP）数据

环境政策的费用效益分析：理论方法与案例/蒋洪强等
著. —北京：中国环境出版集团，2018.8
ISBN 978-7-5111-3712-8

Ⅰ．①环…　Ⅱ．①蒋…　Ⅲ．①环境政策—费用效
益分析　Ⅳ．①X-01

中国版本图书馆 CIP 数据核字（2018）第 139245 号

出 版 人	武德凯	
责任编辑	葛　莉	
责任校对	任　丽	
封面设计	彭　杉	

出版发行　中国环境出版集团
　　　　　（100062　北京市东城区广渠门内大街 16 号）
　　　　　网　　址：http：//www.cesp.com.cn
　　　　　电子邮箱：bjgl@cesp.com.cn
　　　　　联系电话：010-67112765（编辑管理部）
　　　　　　　　　　010-67113412（第二分社）
　　　　　发行热线：010-67125803，010-67113405（传真）
印　　刷　北京盛通印刷股份有限公司
经　　销　各地新华书店
版　　次　2018 年 9 月第 1 版
印　　次　2018 年 9 月第 1 次印刷
开　　本　787×1092　1/16
印　　张　14
字　　数　260 千字
定　　价　55.00 元

前　言

　　环境政策的费用效益分析是对环境政策制定或实施后在经济社会和生态环境等方面所产生的费用及效益进行科学评判，并为环境管理决策提供依据的过程。开展此项工作将有助于全面掌握环境政策的费用效益信息，提升环境政策决策的科学化水平，提高环境政策的经济有效性和可操作性。由于环境政策费用效益分析的作用十分重要，美国、欧盟、日本等国家均高度重视，纷纷通过立法基本建立了环境政策的费用效益分析制度。目前，在我国，环境政策的费用效益分析尚未引起立法机构和政府部门的足够重视，其分析方法还有待科学化和规范化，工作机制和能力建设尚需进一步完善和推进。随着生态文明建设和污染防治攻坚战的实施，建立环境政策的费用效益分析制度已迫在眉睫。

　　本书是在原环境保护部财政预算项目——《环保标准实施的费用效益评估研究》《建立国家环境规划政策费用效益分析制度》和美国能源基金会项目——《环境政策的费用效益分析框架及案例研究》等相关研究成果的基础上形成的。针对我国目前重政策制定、轻政策执行评估等问题，借鉴美国、欧盟、日本等国家关于环境政策实施的费用效益分析理论方法与实践经验，构建了适合中国国情的环境政策费用效益分析理论框架和技术方法，介绍了火电厂大气污染物排放标准实施的费用效益分析案例和京津冀地区黄标车淘汰政策的费用效益分析案例，以便改进中国环境政策制定与实施的科学决策基础，增强环境政策实施的有效性。本书适用于国家及各地各部门正在制定或已经实施的各类环境政策的费用效益评估分析和实际工作。

全书由蒋洪强研究员提出框架和撰写方案，指导主笔者完成各个章节撰写，并最终统稿定稿。生态环境部环境规划院国家环境规划与政策模拟重点实验室的程曦、周佳、卢亚灵、张伟、张静、刘年磊、吴文俊、杨勇、武跃文、段扬、胡溪、刘洁等参与了相关章节撰写。在本书撰写过程中，得到了生态环境部环境规划院王金南院长的指导。中国环境出版集团相关工作人员为本书的出版付出了大量心血，在此一并表示感谢。本书参考引用了大量的国内外研究成果和文献，但只列出了部分文献，尚有部分未列出，在此向这些文献的作者表示歉意和感谢。

作者

2018 年 4 月 25 日

目　录

第1章
概　论

1.1　研究背景

环境政策（或环境决策）的费用效益分析是指环境政策制定或实施后对经济社会发展和生态环境等方面所产生的费用及效益进行科学评判的一种研究行为，是政策评估工作的一项重要内容。中共中央办公厅、国务院办公厅发布的《关于加强中国特色新型智库建设的意见》中明确提出"建立健全政策评估制度"，指出"除涉密及法律法规另有规定外，重大改革方案、重大政策措施、重大工程项目等决策事项出台前，要进行可行性论证和社会稳定、环境、经济等方面的风险评估……加强对政策执行情况、实施效果和社会影响的评估……"国务院办公厅《关于进一步加强文件审核把关的通知》（国办函〔2016〕44号）也明确指出："事关人民群众切身利益或备受舆论关注，涉及宏观经济稳定、市场稳定以及重要行业领域重大政策调整的文件，各部门要对政策内容和出台时机，特别是可能产生的负面影响等进行部门评估或开展第三方评估。"

由于环境政策的费用效益分析的作用十分重要，美国、欧盟、日本等国家均高度重视，纷纷通过立法基本建立了环境政策的费用效益分析制度，同时对于环境政策、法规等方面的费用效益分析研究较为深入，费用效益分析模型方法相对成熟，已经形成了系统的费用效益分析框架体系，应用领域较为广泛。随着环境政策在国家宏观调控中的作用日益突出，我国政府和学者也日益重视费用效益分析，近年来开展了大量研究和实践工作。到目前为止，我国环境政策的费用效益分析尚未引起立法和政府部门的足够重视，其分析方法还有待科学化和规范化，工作机制和能力建设尚需进一步完善和推进，主要表现在以下几个方面。

（1）认识观念还未形成共识

观念指导实际行动。目前，在环境政策的费用效益分析的认识观念方面，相当一部分政府决策者的认识还不成熟、不全面，这主要表现在以下三个方面。

第一，对费用效益分析的必要性认识不足。目前，仍有相当一部分领导和政策制定者对此认识不足，"重政策制定、轻政策实施评估"的观念仍根深蒂固，还没有树立正确的资源环境和健康价值观。环境政策一旦实施，除了对环境的影响外，必将带来经济社会的影响。许多决策者担心环境政策的费用效益分析，特别是人体健康、社会效益、经济效益等的分析会遇到许多难度和问题，不愿意去花时间评估，存在"多一事不如少一事"的想法。因此，要使政府决策者完全接受费用效益分析的观念，提高其对实行环境政策评估必要性的认识，还需要较长一段时间。

第二，对费用效益分析的复杂性认识不够。目前，在理论界，环境政策费用效益分析只是提出了一个理论框架和指南，但环境政策的费用-效益具体的范畴、分类、标准和界线尚不清晰，也没有达成广泛共识。许多人认为费用效益分析比较简单，只要完成直接成本或直接环境效益核算就足够了，方法上也只是加减乘除。事实上，由于费用、效益的界定和分类的复杂性（存在广义和狭义、直接和间接之分），由于环境政策实施影响的多样性、复杂性，由于间接成本、健康效益、宏观经济影响等在计量方法上的巨大困难以及数据、参数获取的困难，使环境政策的费用效益分析目前仍然是一个充满探索、争论的研究领域，尚未形成一套成熟的、规范的、任何人都可以掌握的指南。这就是说，要使费用效益分析可以实际准确计量成本和效益，并形成广泛共识，目前还存在着许多理论上和实践上的困难。

第三，对费用效益分析业务要求认识不清。环境政策的费用效益分析涉及面广，是一项专业性、技术性、综合性很强的工作，它要求评估分析人员既要精通成本费用的知识，又要熟悉环保法规、环境科学、宏观经济、健康损失等知识。从目前来看，政府决策者对此还缺乏认识，特别是在费用效益分析工作机制、知识培训、业务要求等方面还不到位，专业人员比较缺乏，现有的环境政策费用效益分析，仅仅围绕直接成本和重要环境效益展开，很少对经济领域、健康领域、社会领域等环节发生的间接成本、污染损失成本及人体健康效益、宏观经济效益、社会就业等进行计量、分析评价，费用效益分析模型方法和技术手册并没有成为政府决策者掌握的基本工具。

（2）费用效益分析方法还不够完善

当前实行环境政策的费用效益分析存在许多技术难题。可以说，技术与方法的落后是费用效益分析从理论走向实践面临的最大障碍。一是市场定价困难较大。由于环境的天然性和生态服务功能外部性，虽然某些环境服务功能看似有价可循，但实际上由于市场机制的缺陷或不完备，其价格很难界定或被严重扭曲和低估，如资源价格、生态服务功能价格。同时，空气以及目前还不具有商业开发价值的地下矿藏等非生产性环境资产尚无价可循。如何为成本和效益进行合理确定单价进而确定成本和效益总额，一直是费用效益分析研究领域的一个主要难点。二是成本和效益计量较难处理。由于成本和效益的多因性，许多间接成本和经济效益、环境效益、健康效益等难以计量。例如，对减少水污染损失成本（效益）的量化，有毒污水排到河里，使渔业受损失，人们饮用受到污染的水而生病、精神上受损失，迫使人们不得不到很远的地方去寻找新的饮用水水源，这些损失都应计入环境政策实施减少水污染损失影响。在实际中，对这些效益的量化很难考虑全面。可以说，确定成本的内外部范围和经济效益、社会效益是困扰环境政策费用效益分析和应用的关键问题。

（3）费用效益分析制度基本空白

环境政策的费用效益分析从概念的提出已有相当长一段时间，之所以没有从理论到实践取得突破性进展，除了费用效益分析技术与方法的复杂性外，另一个挑战是与其相关的法规制度、机制规程还基本空白。美国环保局、欧盟等国际经验表明，对环境政策的费用效益分析实施，有必要将复杂的问题划分成几个相对简单的部分而逐一加以解决，例如，成本的内部与外部问题处理，环境效益、社会效益的直接与间接问题处理，费用效益分析在重点领域和行业的推行，费用效益分析在不同部门和工作人员的分工等。同时，费用效益分析的实施要建立工作规程、评价标准和操作指南，这是基于我国费用效益分析工作比较薄弱以及核算本身复杂性的考虑。工作规程和操作指南的建立必须注意以下几个方面：费用效益分析的理论基础，费用效益分析的基本流程，费用效益分析的技术方法选择，费用效益分析试点的内容，费用效益分析的培训与推广体系，费用效益分析的业务分工等。

随着生态文明建设的推进和重大污染防治攻坚战的实施，建立环境政策的费用效益分析制度已经迫在眉睫，特别是当前中国经济发展进入了新常态，经济持续下行，科学评估和回答环境政策实施对国民经济将会产生何种影响显得十分重要，将有助于全面掌握环境政策的费用效益信息、提升环境政策决策的科学化水平、提高环境政策的经济有效性和可操作性。

1.2　基本概念

环境政策是指国家和地方立法机构以及政府部门制定的有关污染控制、自然保护和资源利用的法律和行政法规（包括条例、规定、办法和规章）以及战略和规划的总称。广义的环境政策是指国家在环境保护方面的一切行动和做法，环境政策包括环境法规、环境规划、行动计划等；狭义的环境政策是指与环境法规平行的一个概念，指在环境法规以外的相关政策安排。

本书所指的环境政策为广义的概念，是在一定范围内发生作用的环境保护政策的总和，包括国家环境保护总体方针、基本原则、具体措施、权益界限、奖惩规则等，既有强制性的，也有非强制性的。中国的环境政策，是政府总结了国内外社会发展历史和环境状况，为有效保护和改善环境而制定和实施的环保工作方针、路线、原则、法规、标准、制度及其他各种政策的总称，是中国环境保护和管理的实际行为准则。

若以纵向层次为主，综合考虑横向的影响范围和环境保护对象，可将环境政策分为四个层次：第一个层次包括宪法和环境保护基本国策；第二个层次包括环境保护基本方针，如环境保护的"三十二字"方针、"三同步、三统一"、"三个转变""生态文明"等，环境保护基本政策包括"预防为主、防治结合"、"谁污染、谁治理"、"强化环境管理"以及可持续发展战略、建设环境友好型社会等；第三个层次包括国家环境与资源保护法律、环境与资源保护的行政法规和部门规章、标准、环境与资源保护的地方环境法规和地方行政规章等相关的政策法规以及加入的国际环境条约等；第四个层次包括环境管理政策，如环境社会政策、环境管理政策、环境经济政策和环境技术政策等。

结合环境政策的自身特点，环境政策的费用效益分析可以定义为：根据一定的标准和程序，对环境政策的制定或政策实施后在生态环境、经济和社会发展等方面所产生的费用及效益进行科学评判的一种研究行为，其目的：一是在于评估环境政策实施可能对经济社会和环境影响程度，决定是否采用，或改进、预防；二是获得环境政策执行后所产生的经济、社会、环境影响方面的可靠信息，准确把握环境政策的实施效率，为下一步环境政策的调整、改进或制定新的环境政策提供依据。

1.3 基本原则

（1）整体性原则

对环境政策要从国民经济整体角度考察效益和费用。凡政策实施项目为社会所做的贡献，如环境污染的治理、能源的节约、环境质量的改善等，均计为效益。凡是占用社会资源的均计为费用，无论费用和效益都需要考虑由该政策实施所引起的整个社会影响。费用效益分析将得出与单纯的盈利分析完全不同的结论。

（2）两重性原则

环境政策具有公益性与企业性两重性，有些政策的实施会使部分企业经济效益变差，甚至没有经济效益，但社会效益与环境效益很好，这样的政策往往也应该采用。由于两重性的存在，环境政策实施的费用、效益识别还要研究那些不具有市场价格的效益和费用，对那些被市场价格歪曲了的效益和费用进行还原。

（3）持续性原则

环境政策实施的评估往往是一个持续不断的过程。环境政策一般要经过长期、持续、有效地实施，才会真正发挥作用。因此，对环境政策实施效果做分析评价时，不能简单地以投资回收期的长短作为评价标准。

（4）数据可得性原则

评估方法的设计必须考虑污染因子监测数据、主要污染物排放数据、技术经济数据、行业统计数据等必要数据的可获取性，以确保环境政策实施的费用效益分析评估过程和结果的科学性、规范性与可靠性。

1.4 主要作用

费用效益分析方法是检验重大环境政策的一个非常有用的工具与方法，加强环境政策的费用效益分析，可以科学评价政策实施效果，为政策的制定、修订提供科学依据。例如，污染排放、环境质量目标可达以及实现这些目标的途径，政策的社会经济效应（例如，GDP、产业结构、产业竞争力、进出口和就业等的变化），洞察环境政策实施对社会经济造成的影响，主要表现在以下三个方面。

（1）全面掌握环境政策的费用效益信息

实施环境政策的费用效益分析制度能够科学提供环境政策制定和实施对经济和环境影响的可靠信息。任何政策，如果制定实施后没有相关的人员去做效果评价工作，那它的效果就不得而知。环境政策也不例外，环境政策的费用效益分析就是要密切关注环境政策的实施动向，通过收集相关的资料和信息，加上科学的分析、论证得出可靠的结论，并以货币化的形式分析环境政策对经济、环境和社会的影响，据此来判断环境政策的实施效果。特别是当前中国经济发展进入了新常态，经济持续下行引起了国内外的广泛关注，环境政策的实施对国民经济将会产生何种影响，是必须要回答的问题。

（2）提高环境政策的经济性和可操作性

实施环境政策的费用效益分析制度能够科学提供环境政策的实施效果与制定预期目标间的关系。任何一项环境政策的出台，总有其预期目标。环境政策实施过程中往往会与预期目标产生一定程度的偏差，为了准确把握环境政策的实施效果与预期目标的关系，必须对环境政策的实施效果进行评估，而费用效益分析是进行该项评估的重要方法。通过环境政策的费用效益分析，可有效判断环境政策执行是否取得了预期的效果，有助于了解政策目标的实现程度。

（3）促进环境政策和决策的科学化水平

建立环境政策的费用效益分析制度能够为环境政策的继续、修订还是终止提供科学依据，是环境决策科学化的必需程序。一项环境政策在实施过程中总会呈现出一定的走向，伴随着环境政策目标实现程度的不断推进，该政策是应该继续、修订还是终止，都必须建立在科学、系统、全面的政策实施效果评价基础上。环境政策的费用效益分析作为一个检验环境政策误差、提出政策调整建议的政策活动，能够回答"该项政策是否原本就无效率或低效率"的问题，总结政策制定和执行过程中的经验和教训，有利于在后期执行阶段或下一个政策周期中加以改进，逐步提高政策能力，完善政策运行机制，日益减少环境政策过程中的主观成分，向政策科学化的方向发展。

1.5　分析范围

环境政策费用效益分析需要明确分析的主体、对象及范围。

　　费用效益分析的主体是制定和实施政策的各级政府部门，具体技术工作应由相关科研单位、高校或第三方机构承担，为各级政府部门决策提供支持。

　　费用效益分析的对象包括环保法律、法规、规划（计划）、标准、政策、措施等。既包括国家（党中央、国务院、各部门）制定出台的环境政策，也包括各级政府部门制定出台的各项环境政策。

　　费用效益分析的范围主要包括：一是环境费用效益分析。费用包括增加的末端治理投资、运行费用，中间技术改进增加的投入成本，增加的管控成本、补贴成本，减少的环境税费等；效益包括增加的环境效益（污染排放减少、环境质量改善）以及环境改善的终端效益（人体健康效益，清洁费用的减少，农作物产量的增加，建筑材料腐蚀等污染损失的减少）。二是社会经济影响分析，包括环境政策实施对 GDP、产业结构、就业、税收、进出口等的影响。

第 *2* 章
环境政策的费用效益分析国内外经验

2.1　环境政策评估国内外研究进展

费用效益分析是常用的项目和政策评估方法之一，同时也可以用来评价环境政策制定和实施的经济社会和环境影响效果。环境政策的费用效益分析首先是在美国发展起来的，且在美国、欧盟等西方国家得到广泛应用。国外针对环境政策费用效益分析的相关工作和实践，对我国环境政策实施费用效益分析方法的建立具有重要指导意义。

环境政策评估主要是指对环境政策实施的有效性所进行的评估，包括效果评估、效率评估和影响评估、综合评估等。随着环境政策在国家宏观调控中的作用日益突出，环境政策评估也正在得到政府和学者越来越多的重视。

国外在环境政策评估方面的研究起步较早。在欧美等一些发达国家，环境政策评估已经纳入立法范畴。1982 年 2 月，美国政府发布命令（EO12291，1981），要求所有重大管理行动都要进行费用效益分析，以保证政府任何决策措施所产生的效益都要大于它所引起的费用，从而第一次以法令的形式提出了环境法规影响分析（Regulatory Impact Anaysis，RIA）。美国环保局也制定了用于环境保护规划和环境行动的费用效益分析手册，并且开始大量资助环境影响经济评价的基础研究和应用研究。在欧盟，任何一项环境政策的制定都必须由欧洲环境委员会提出提案，再由议会、经济和社会委员会及环境理事会交叉进行咨询和评估，提出修订意见，按照程序表决提案是否被接受。

我国在环境政策评估的理论研究上，也做出了初步尝试。如 2003 年 12 月宋国君等发表的《环境政策评估及对中国环境保护的意义》一文中，对环境政策评估的定义、内容标准、过程、步骤和方法进行了系统的简单论述，并分析了环境政策评估面临的困难与完善的对策。2007 年 6 月王金南在《中国环境报》上发表的《环境政策评估推动战略环评实施》一文中简要介绍了环境政策评估的定义、作用和意义；2007 年 11 月再次在《中国环境报》上发表《为什么要对环境政策进行评估——关于环境政策评估九大问题解答》一文，对环境政策评估的基础理论的要点进行了介绍，并给出了评估方法选择的要点。2008 年 6 月，王金南、蒋洪强等发表的《中国环境政策的系统评估与展望》对我国环境政策的演变历程和重要环境政策实施效果进行了系统评估，并提出了建议。

我国在环境政策评估应用实践方面，也做出了一些探索。如 2001 年，王金南发表了《环境政策评估案例：中国关闭小造纸厂政策评估》，对"十一五"期间国家出台的一系列关闭小造纸企业的环境政策进行了经济、社会影响的评估。宋国君等（2007）在《中国淮河流域水环境保护政策评估》中对淮河流域的水污染控制和防治政策进行了评估。另外，也有其他一些学者对我国环境政策评估的理论与应用进行了总结。

2.2　费用效益分析方法的国内外研究进展

费用效益分析的产生可追溯到 19 世纪，早在 1844 年，法国工程师 Jules Dupuit 在他发表的《公共工程的效益评估》一文中，提出了"消费者剩余"的思想，这种思想后来发展成为社会净效益的概念，成为费用效益分析的基础。费用效益分析（Cost-benefit Analysis，CBA）也称成本效益分析、国民经济分析或国民经济评价，主要用于对项目方案或政府决策的可行性分析。美国、欧盟等发达国家和地区对此开展了大量研究和应用，发展较为成熟。

2.2.1　美国费用效益分析发展历程

1902 年，美国国会通过的《河流与港口法》（*River and Harbor Act of* 1902）规定了成本收益分析。该法相关条文规定："工程师委员会应当考虑这些工程的现有商业的数量与性质或即将受益的合理前景和这些工程相关的最终成本，包括建设和维护成本、相关的公共商业利益，以及工程的公共必要性，建设、保持、维护费用的妥当性。"此规定可以看作是关于成本收益分析的最早规定。1936 年，美国颁布的《洪水控制法案》（*Flood Control Act of* 1936）中提出了要检验洪水控制项目的可行性，要求"对任何人来说收益都必须超过费用"，从而体现了费用效益分析的基本思想。在此期间美国把这种方法应用在军事工程上；第二次世界大战后，美国又进一步将其应用到交通运输、文教卫生、人员培训、城市建设等方面的投资建设项目评价上。随着应用范围的不断拓展，费用效益分析方法也不断得到完善与发展。1950 年，美国联邦机构流域委员会发表了《关于流域项目经济分析的建议》，将项目评估与福利经济学联系起来，并试图总结出一套大家公认的费用和效益的规则。

自 20 世纪 60 年代开始，环境质量逐渐成为人们关注的焦点，对环境变化的费用效益分析研究日益丰富。1958 年，哈曼德（Hammond）在《水污染控制的费用效益分析》一书中系统地分析了水污染控制的费用与效益评估技术原理，使费用效益评估方法在水和空气污染控制的环境质量管理领域得到了广泛应用。

对于费用效益分析的发展最有影响的当属总统签发的行政命令。从 20 世纪 70 年代至今，美国历届总统均在政府管制领域推行基于成本效益分析的执政思路。1974 年福特总统签发了 11821 号行政命令：《通货膨胀影响声明》（*Infation Impact Statements*），要求规制必须考虑消费者、商业、市场或联邦、州或地方政府的成本，对劳动者、商业或政府任何层面生产力的影响等，这些规定可以看作总统行政命令对成本收益的最早规定。1978 年卡特总统签发了 12044 号行政命令：《改善政府规制》（*Improving Government Regulations*），要求规制应当有效地和高效地实现立法目的，必须考虑相关的成本与影响。由于经济等因素的影响，此两项行政命令关于成本收益的规定并没有得到有效实施。1981 年里根当选总统，他在积极推行供应经济学、里根经济学提振美国经济的同时，签发了著名的 12291 号行政命令：《联邦规制》（*Federal Regulation*），要求行政机关对重要规章的制定必须进行成本收益分析，提交重要规章的规制影响分析报告（Regulatory Impact Analysis）。该行政命令要求，除非政府规制的潜在社会收益超过潜在的社会成本，否则就不应该采取规制行为。该行政命令还要求，在既定的目标下，如果有多种可选择的方式，应当选择社会成本最小的方式，并且使社会的净收益最大化。1993 年，克林顿总统发布了 12866 号行政命令：《规制计划与审查》（*Regulatory Planning and Review*），同样也要求行政机关制定重要的规章时必须进行成本收益分析，提交相关规制分析报告。该行政命令要求行政机关应以最大化的成本效益方式实现规制目的，每一个行政机关都应对规制的成本与收益进行评估，但也应认识到某些成本和收益很难量化，拟提议或采用的规制必须基于合理的决定，也就是收益证明成本是正当的，而且还要求制定的规章对社会施加的负担最小化。2011 年，奥巴马签署了 13563 号行政命令：《改进规制和规制审查》（*Improving Regulation and Regulatory Review*），该命令是对 1993 年克林顿签发的 12866 号行政命令所确立的原则、框架、概念等的补充和重申。该行政命令特别强调要求行政机关必须对规制进行定量和定性的成本收益分析，规制只能基于合理的决定，也就是收益证明成本是正当的（但要意识到某些成本和收益很难量化），并且规制对社会的负担应当是最小的。而且，如果有多种可选择的规制方式，应当选择使净收益最大化的方式（包括潜在的经济、环境、公共卫生与安全等，分配影响，平等）。2012 年，奥巴马签署了 13610 号行政命令：《识别和减少规制负担》（*Identifying and Reducing Regulatory Burdens*），特别规定为了减少不正当的规制负担与成本，行政机关应当运用成本收益分析对现存的重要规制进行回顾性审查（retrospective review），以决定"是否需要对这些规制进行修改、精简、扩大或废除"。13610 号行政命令扩大了成本收益分析的适用范围，即规定行政机关在进行重要规制前不仅应当进行事前的成本收益分析，而且还应当在规制期间进行事中的成本收益分析，以评估规制的客观实施效果。

　　除总统行政命令外，大量的国会立法也同时强化了行政规章成本与效益评估的倾向，建立了行政机构成本效益分析的法律制度。国会在 1955 年的第 104 届会议上，对所有有关管制的公法都确立了费用效益分析的原则、程序和方法，将收益大于成本或者管制的收益能够证明为它所支出的成本是合适的作为制定规章的标准。1995 年其国会通过了十几个重要的管制成本与收益分析的法案，如《1995 年无资金保障施令改革法》限制监管机构在没有充分预算拨款的情况下，强加给州政府和地方政府联邦命令，此法标志着美国的管理制度向市场化改革迈出了关键步伐。《2002 年管制改进法》进一步规定费用效益分析必须作为监管机构指定规章的一种原则和程序。

2.2.2　欧盟费用效益分析发展历程

　　与美国相比，欧盟在费用效益分析的理论研究与实践进展方面都相对滞后。欧盟的政策影响评估可以分为两个阶段，第一个阶段，自 20 世纪 80 年代起，由于对问责制、严格预算和政策执行有效性的日益关注，欧盟委员会各政府部门开展政策影响评估，并在实践中逐步得到发展和完善。第二阶段，自 2000 年开始，欧盟委员会发布《聚焦结果：加强欧盟委员会工作的评估》政策文件，强调欧盟应注重管理工具产生的结果，增加评估在管理工具中的使用，促进影响评估活动的制度化。此后，通过发布一系列文件，加强了政策评估的规范化和标准化，为政策影响评估提供了指导。

2001 年，欧盟委员会在可持续发展战略[COM（2001）264]中提出，为了实现"里斯本战略"所提出的在 2010 年前使欧盟成为"以知识为基础的、世界上最有竞争力的经济体"这一战略目标，并提高驾驭欧盟市场监管的能力和改善监管的质量，制订了新的行动计划：所有涉及政府与市场的重要立法、条例、规章、指令等，都必须对费用效益或成本有效性进行分析，评估其潜在的经济、社会和环境影响。

为了落实可持续发展战略，欧盟委员会在 2001 年公布的欧洲治理白皮书（COM（2001）428final）中进一步规定，必须以效率分析作为法规议案的基础，判断欧盟层面的干预是否是合适和必要的。如干预是合适的、必要的，法规议案必须进一步评估对经济、社会和环境的潜在影响。判断监管影响的标准是，政府监管所预期的净效益是否恰当，或者说，是否增加了社会净福利。

2002 年，欧盟委员会首次发布了统一的监管影响评估的指引文件《影响评估》。该文件整合和替代了以前所有单一分散的监管影响评估（如环境影响评估、健康影响评估等），建立起欧盟统一的监管影响评估框架，为成员国提供了一致性的判断标准。2005年，欧盟委员会对框架性文件《影响评估》进行了系统修订，形成并公布了《影响评估指南》（*Impact Assessment Guidelines*，SEC（2005）791）。欧盟委员会 2005 年 6 月的决议（SEC（2005）790）指示总秘书处与欧盟委员会各服务部门咨商，并根据欧盟委员会的经验和需要，定期更新《影响评估指南》。2006 年又发布了对 2005 年《影响评估指南》的修正和更新。

2007 年，受美国金融危机影响，欧盟整体经济下滑，成员国财政赤字严重，失业率上升，希腊和意大利深陷债务危机。在经济社会矛盾交织互动的背景下，欧盟委员会第三次对指引进行了修订，于 2009 年 1 月发布了新的《影响评估指南》（SEC（2009）92），加强了评估法律法规和政策对经济影响、社会影响和环境影响的效率指标与公正指标。根据指南要求，影响评估应详细说明提案的成本和效益，如何发生以及受影响的范围，且所有影响必须尽可能在稳健的方法和可靠数据的基础上进行量化和货币化。

2.2.3　中国费用效益分析研究进展

目前，中国环境经济学者正在研究如何将费用效益分析用于自然资源领域和环境质量管理中，并且已经出版了不少专著和手册，其中包括大量的实例研究。其中针对污染物排放标准实施的成本效益分析，任晓辉提出了典型工业污染物排放标准制定方法和工业污染物排放标准实施成本效益分析方法，并以《硫酸工业污染物排放标准》（GB 26132—2010）制订过程为案例开展实证研究。张慧等重点从污染控制成本和健康效益出发，分别对燃煤电厂实施不同大气污染控制策略（多污染物协同控制策略与逐步控制策略两种情景）下的成本效益进行了评估测算，结果表明我国大气污染控制思路应由单一污染物逐步控制策略向多污染协同控制策略转变。黄德生等基于流行病学综合研究成果，运用环境健康风险评估技术和环境价值评估方法，对京津冀地区实施并达到 2012 年新颁布的《空气质量标准》中细颗粒物（$PM_{2.5}$）浓度标准可实现的健康效益进行了评估。刘通浩等通过模型模拟不同控制情景下电厂氮氧化物减排带来的环境效益，即环境大气污染物浓度降低情况，及其导致的对人体健康和农作物产量的效益，并通过货币化手段评估"十二五"电厂氮氧化物减排工作带来的效益。王占山等采用第三代空气质量模式系统 Models-3/CMAQ 对火电厂、机动车、工业锅炉等 NO_x 和颗粒物的主要排放源在不同标准及排放限值控制情景下的环境影响进行模拟评估。

　　在政府决策层面，近 10 年来，关于重要环境决策的费用效益分析也取得了很大进展，特别是关于环境成本效益分析方面，在环境经济预测研究以及绿色 GDP 核算体系研究中，对环境成本效益分析做了深入探索，积累了大量分析系数参数。此外，除了环境成本效益分析外，对重要环境决策的经济成本效益分析也做了尝试，如电力行业污染减排的费用效益分析、大气污染防治行动计划实施的费用效益分析等。

2.3　国内外相关实践案例

2.3.1　美国

2.3.1.1　美国费用效益分析制度

　　美国的费用效益分析制度建设经历了一个较长的发展过程。目前，美国已经基本形成了一套相对完整的费用效益分析体系。费用效益分析工具已成为环境政策科学决策的重要环节和内容，在费用效益分析技术方法和评估制度建设方面非常值得借鉴。

（1）实施主体

美国国会下设的管理和预算办公室（OMB）负责监督各政府机构的规制影响分析（Regulatory Impact Assessment，RIA），由其下设的信息与监督办公室（OIRA）实施。美国环保局政策费用效益分析的指导工作主要由其下设的政策办公室（OP）的调控政策和管理办公室（OPRM）及国家环境经济中心（NCEE）负责。其中，调控政策和管理办公室进行政策费用效益分析，确保政策决策过程的科学性；国家环境经济中心积极研究成本效益量化分析方法，指导开展经济分析。

（2）分析对象

并非所有的环境政策都要开展费用效益评估，美国政府仅要求对重要的环境政策进行费用效益分析，重要的环境政策包括：年经济影响在1亿美元以上的环境政策；明显增加消费者、个别行业、联邦、州、地方政府机构或某些区域负担的成本或价格的环境政策；对竞争、就业、投资、生产、创新或美国企业在国际市场上竞争力造成重大不利影响的政策。

（3）评估标准

美国环保局在《经济分析指南》中对一个环境政策是否有效率提出了明确的判断标准，包括环境效果、经济效率、管理、监测和执行成本的减少、环境意识和态度的转变、诱发创新。

（4）评估方法

在进行费用效益分析时，一般将政策实施后的成本和效益按一定的贴现率贴现到基年货币价值，再将成本效益进行对比，计算成本效益比或净效益。美国环保局采用社会成本，包括合规成本（也称减排成本）、交易成本、政府管理成本、适应成本、分配成本。效益的定量分析分为三步：识别潜在的效益类型，量化重要的效益，估计效益带来影响的货币化价值。

对于成本和效益的确定，主要有以下几种方法：

一是市场评估法。对于具有市场价值属性的要素，可以根据市场的价格，对相关损害进行评估。例如，对于机动车车主在机动车加速淘汰中的权利损害，对被淘汰的机动车可以依据市场价格进行评估。成本和效益会随着时间而发生变化，同一措施在不同的时期可能存在不同的成本和效益，需要运用折现率确定成本和效益。

二是非市场评估法。当不存在相应的市场价格以评估成本和效益时，市场评估法就不起作用。此时评估成本和效益通常采用愿意支付（Willingness to Pay，WTP）和愿意接受（Willingness to Accept，WTA）两种方法。愿意支付是公民为了预防某种风险而愿意支付的最大成本，这种支付成本可以看作某种商品或劳务的价值；愿意接受是公民容忍某种风险而愿意接受的最小成本。政府某项措施的效益是即将获得的好处或没有失去的损失，政府某项措施的成本是失去的损害或先前的所得。

（5）实践进展

表 2-1 为历年美国环保局评估的重要环境政策的成本效益。2008—2012 年，根据美国环保局的评估情况，环境政策的效益远大于成本，2011 年效益与成本之比甚至达到29.29～85.29 的比例，成本相对于效益微不足道。

表 2-1　历年 EPA 评估的重要政策效益成本（2001 年货币基期）

周期	2007/10—2008/9	2008/10—2009/9	2009/10—2010/9	2010/10—2011/9	2011/10—2012/9
重要政策数量	6	1	6	3	3
重要政策成本/亿元	75.9～87.8	1.13～22.4	19～36	7	83
重要政策效益/亿美元	74.8～378.1	4.5～52	108～608	205～597	285～775
效益/成本效益比	0.99～4.3	2.32～3.98	5.68～16.89	29.29～85.29	3.43～8.81

数据来源：2009—2013 年 OMB 提交议会的年度报告。

2.3.1.2　美国环境保护局《经济分析指南》

美国环境保护局（EPA）编撰的《经济分析指南》（*Guidelines for Preparing Economic Analyses*）是进行环境经济政策分析的指导性文件。EPA 在环境政策的制定过程中会对政策进行相应的经济分析，以此来确定政策的可行性，其中，评价环境政策好坏的经济分析的结论有三个方面：费用效益分析结论（Benefit-Cost Analysis，BCA）、成本效率分析结论（Cost-Effectiveness Analysis，CEA）、经济影响分析与权益评估结论（Economic Impact Analysis and Equity Assessment，EIA&EA）。

EPA 的政策经济分析实施框架如图 2-1 所示。

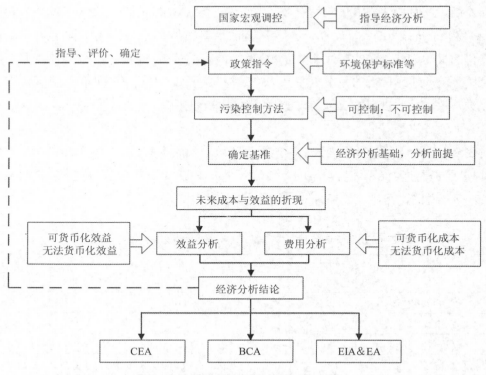

图 2-1   EPA 政策经济分析实施框架

EPA 中费用效益分析（CBA），是一种用来评估政策的工具。未经调节的市场在消极因素（污染物）存在的情况下给社会带来的是不利的影响，为了去除这种不利的影响，就需要国家的干涉对市场进行宏观调控，由国家政府提出一个合理的污染物控制水平或是一个最佳的污染物控制水平。为了体现国家实施政策或法规的可行性，要对政策或法规对整个社会的总成本与总效益进行评估，其中，总成本与总效益是由所有受到国家政策或法规影响的市场的成本和效益，与非市场的成本和效益进行叠加而得到的，以上的分析都是通过 BCA 来体现。其中，效益是基于人类为了使风险降低或是通过改进方法减少污染所进行的自愿支付；成本取决于资源的价值，其成本主要针对的是污染物去除成本。将总的货币化的效益扣除总成本就是政策或法规的社会净效益的一个评估。在效益可货币化的假设前提下，对一个有效的政策或法规来说，它产生的净效益是最大的。

2.3.1.3 《清洁空气法》的费用效益分析实例

（1）《清洁空气法》的费用效益分析内容

为确保《清洁空气法》的各项政策得到充分考虑，EPA 分别于 1997 年、1999 年、2011 年对三个不同时间阶段（1970—1990 年，1990—2010 年，1990—2020 年）清洁空气法实施的成本、效益进行了分析。以 1990—2010 年阶段的报告为例，其分析的内容包括以下六个方面：一是估计大气污染在 1990 年、2000 年和 2010 年的排放量；二是根据清洁空气法修正案，估计污染减排量的成本；三是通过模型估计基于排放量的空气质量；四是定量化空气质量与健康和环境影响的关系；五是估计清洁空气的经济效益；六是总结结果，说明不确定性。

（2）成本估算

清洁空气法修正案实施的成本仅仅估计了合规成本，包括实施政策后新增的运营成本和新增的资产成本，估计到 2000 年年均新增成本约为 190 亿美元，到 2010 年则为 270 亿美元。其中，第一阶段维持空气质量标准的合规成本占一半，约为 145 亿美元；第二阶段实施清洁空气法修正案后，对污染物控制的成本为 30%，约 90 亿美元，剩下部分为酸雨控制、臭氧控制等成本。

（3）效益估算

根据 1990 年出台的清洁空气法修正案（CAAA），关注 6 种主要污染物：挥发性有机化合物（VOCs）、氮氧化物（NO_x）、二氧化硫（SO_2）、一氧化碳（CO）、PM_{10} 和 $PM_{2.5}$，针对每一种污染物对 2000 年和 2010 年排放量进行情景预测，一种情景是不采用其他控制手段，保持 CAAA 通过前的控制手段，污染物的排放量情况；另一种情景是考虑 CAAA 通过后需要采取的控制手段，污染物的排放量情况。研究结果表明，清洁空气法修正案使未来的污染物排放量显著减少，其中 VOCs 到 2010 年两种情景下，实施 CAAA 的排放量低于不实施 CAAA 情景下 35%，NO_x 为 39%，CO 为 23%，SO_2 为 31%，$PM_{2.5}$ 和 PM_{10} 约为 4%。

环境效益。环境效益分析的主要分析内容是运用空气质量模型，估计在两个情景下主要污染物浓度。主要运用城市空气域模型分析大气，运用区域酸雨沉积模型、区域颗粒物模型（Regional Particulate Model，RPM））和导则模型分析 $PM_{2.5}$ 和 PM_{10}，酸雨沉积和能见度。输入排放数据和气象数据后，空气质量模型能够模拟物理和化学的污染物形成过程，从而计算污染物浓度。人体健康部分，重点在两种情景之间差异性分析上，应用标准大气污染物系统模型，运用空气质量变化数据、暴露人群数据和浓度-反应方程，估计两个情景健康影响的发生率。

健康效益。人体健康效益分析的基本原理是消费者支付意愿（WTP），具体方法是，以针对死亡的浓度-反应方程来表达逐步增加的死亡率风险，作为一个"个案"的避免死亡的表达，通过加总个体避免死亡风险的支付意愿，结合统计数据中的死亡率，得到统计生命价值（VSL），以此估计人体健康的效益。

（4）费用与效益比较

最终比较成本和效益，得出结论：1990—2010 年，实施清洁空气法在两种情景下可以收获的净效益为 5 100 亿美元，仅货币化效益一项就超过直接的合规成本 4 倍。

2.3.1.4 《州际清洁空气条例》的费用效益分析实例

（1）《州际清洁空气条例》的内容

《州际清洁空气条例》是美国环保局于 2005 年确定的，旨在降低东部 28 个州和哥伦比亚特区空气污染的一项污染交易计划，目的是解决美国当时面临的颗粒物和臭氧不达标问题。《州际清洁空气条例》规定的减排量分两个阶段实施，该规定覆盖美国东部的所有发电厂。第一阶段，氮氧化物控制始于 2009 年，目标是每年削减 136 万 t；SO_2 控制开始于 2010 年，目标是每年削减 335 万 t。第二阶段，两种污染物削减均始于 2015 年，总量分别控制在每年 118 万 t 和 236 万 t。

（2）成本估算

如果《州际清洁空气条例》的第一阶段计划于 2020 年结束，按照目前《州际清洁空气条例》在污染控制上投入的成本计算，约是 168 亿美元（约合 1 260 亿元人民币）。第二阶段实施始于 2015 年，每年的成本约是 36 亿美元（约合 270 亿元人民币）。

（3）效益估算

到 2015 年，执行《州际清洁空气条例》的州将在 2003 年的基础上，二氧化硫的排放量将会降至 490 万 t，或者说降低 57%。如果 2015 年后继续全面执行《州际清洁空气条例》，在实行该条例的州将会使电厂的二氧化硫的排放量减少约 230 万 t，比 2003 年的排放量降低了 73%。《州际清洁空气条例》也将明显降低氮氧化物的排放量。到 2015 年《州际清洁空气条例》将减少电厂氮氧化物的排放量约 180 万 t，使地区排放量减少约 118 万 t，比 2003 年降低 61%。

污染物的减排将带来空气质量的大大改善，帮助东部城市和州达到臭氧和颗粒物的国家标准。同当前电力行业控制、近期机动车污染源以及各州已采取的调节措施相结合，《州际清洁空气条例》的实施将使东部地区臭氧不达标区域从 2007 年的 127 个降至 2020 年的 10 个。颗粒物的不达标率也大大降低。到 2020 年，可以从 2005 年的 39 个降至 16 个，不达标地区也更加接近标准的要求。

污染减排带来的社会效益也是巨大的。据美国环保局估计，每年对于改善人类健康和社会福利方面的效益，到 2015 年将达到 1 040 亿～1 220 亿美元（约合 7 800 亿～9 150 亿元人民币）。这些效益包括每年可以防止 17 000 例过早死亡，22 000 例非致命性心脏病发作，12 300 次住院治疗，17 亿个工作日损失和 50 万个学生学习日损失。还有一些效益是无法用货币进行量化的。这些包括汞的排放量、酸雨、海岸与河口的富营养化污染以及能见度的改善等。预计到 2015 年将减少约 10 t 汞的排放量。长远来看，由于《州际清洁空气条例》带来的额外减排量，美国环保局预计 2015 年后所带来的环境和社会效益会更大。

（4）经济影响分析

《州际清洁空气条例》的大部分成本都将转嫁给消费者，在受此条例影响的区域，美国环保局预计电力的零售价格将增长 1.8%～2.7%。《州际清洁空气条例》对减排的要求使得到 2015 年会有总计超 220GW 的发电厂安装烟气脱硫装置，超过 170GW 的发电厂安装选择性催化还原脱硝装置。到 2020 年，美国大约有 80%的发电量将会由已安装高级污染控制装置的电厂生产，这些装置包括空气洗涤器、选择性催化还原脱硝装置，或者二者都有。当然，其他的可行方法还包括转换煤炭的类型，利用更高效清洁的机组发电，从其他排放源处购买多余配额等。

研究表明：从宏观经济的角度考虑 2015 年该条例的实施对美国 GDP 的影响不会超过 0.04%。除此之外，该项政策不仅能维持较低的电价，还能保证燃料的多样性。

（5）费用效益比较

《州际清洁空气条例》是为改善美国东部空气质量实现达标而采取的一项重大举措。这对电力价格和燃料市场的影响是合理的，但其所带来的经济、环境和社会的效益是巨大的。从经济角度来说，可以更好地保持能源的多样性和可靠性，从环境和社会的角度，据计算每增加 1 美元污染控制成本就会带来 20 多美元的效益。同时《州际清洁空气条例》的实施，可以实现污染物的协同减排，在减少二氧化硫和氮氧化物排放的同时，也将减少颗粒物、臭氧和汞等污染物的排放，带来巨大的环境和健康效益。

2.3.2　欧盟

2.3.2.1　欧盟费用效益分析制度

欧盟是近年来在政策影响评估领域发展最为显著的地区，进入 21 世纪后，其政策影响评估制度迅速成型，并将美国在行政立法领域开展的影响评估扩展至绝大部分有重要影响的政策措施上，在系统性和规模上都取得了显著成就。与美国将成本效益分析作为首要分析工具有所不同，欧盟将成本效益分析、成本有效性分析和风险分析等方法共同运用于政策影响评估中，建立了多方法的评估技术方法框架和影响评估制度。

自 2002 年实施"更好地管理"倡议以来，欧盟要求对欧盟委员会所有"可能产生重大影响"的新法规议案（包括环境政策）都要进行费用效益分析，分析新法规议案的成本和效益，考察其对经济、社会和环境产生的所有重大影响。欧洲环境署（EEA）分别于 2003 年、2004 年、2007 年、2008 年开展了城市污水处理指令、包装及包装废弃物指令、欧洲（砂、砾石和岩石提取）环境税收政策、欧洲垃圾填埋指令的费用效益评估工作，推动了欧洲环境政策费用效益分析的发展。

（1）实施主体

欧盟委员会环境总司（DG ENV）负责欧盟环境政策的评估工作。环境总司下设 6 个司，环境政策的评估部门设置在战略司下属的资源效率和经济分析处。其基本任务包括：协调环境总司的政策评估活动，推动环境总司的多年评估规划和年度评估计划的实施，定期汇报环境总司的评估活动，明确评估活动的质量评价标准，推进对评估结果的使用。欧盟委员会预算总司（DG BUDG）和欧盟委员会服务中心（DG Services）作为核心的支持和协调部门，负责监督环境总司的政策评估活动。

（2）分析对象

对所有"可能产生重大影响"的法规议案（包括环境政策）进行费用效益分析。

（3）评估标准

欧盟委员会发布的《影响评估指南》提出了环境政策评估标准框架。欧盟环境政策

"影响分析"的评估标准包括相关性、效果、有效性、成本效益、效用。

（4）评估方法

欧盟环境政策可以采用多种方法进行影响评价，费用效益分析是其中的一种重要方法，还包括成本有效性分析法、最低成本分析法、各种类型的多准则分析法等，这些分析方法既可以进行定量分析，也可以进行定性分析。费用效益分析是对政策提案可能造成的成本和效益进行实证分析和评估，是对政策实施后产生的社会总成本和总效益进行预测。如果只有一部分成本和效益可以量化和货币化时，可以进行部分费用效益分析。费用效益分析法适用于以下情况：第一，评估者希望效益与成本都随着所选管制措施的改变而变化，并且所有的直接成本与直接效益都能使用货币进行衡量；第二，预期影响的范围巨大；第三，不会存在巨大的分布影响。

欧盟在进行环境政策的费用效益分析时，将政策成本分为直接成本和间接成本。其中，直接成本包括合规成本和政策执行成本，间接成本包括间接合规成本和其他间接成本。政策效益分为直接效益和间接效益，其中，直接效益包括社会福利效益和市场效率效益，间接效益包括溢出效应和宏观经济效益。

（5）保障机制

为确保影响评估工作及年度影响评估计划的顺利实现，欧盟委员会对评估人员、评估技术和评估资金等进行了规划。欧盟政策评估工作对评估人员提出了明确要求，要求评估人员具有计划、筹备和管理评估活动的能力，并以培训和讨论会的形式帮助评估者提升能力。欧盟委员会服务中心（DG Services）负责开展培训活动，培训内容包括评估程序的管理、评估方法和工具、评估实践等内容。欧盟环境政策评估工作所需资金，主要来源于环境总司的预算。

2.3.2.2 欧盟 NEC 指令费用效益分析实例

欧盟目前使用一系列模型和工具分析空气污染减排政策，其中最重要的模型工具是国际应用系统分析研究所（IIAS）开发的 GAINS 模型（温室气体及空气污染交互作用与协同）。

研究者使用 GAINS 模型评估了各国排放量（基于国家清单）、包括化学变化在内的扩散影响以及污染物对环境和人类健康构成的风险。关于对人类健康的影响，GAINS 模型使用了源自流行病学研究的暴露反应关系。除了计算排放量和环境风险，该模型还提供国家一级的减排方案的成本。通过运行所谓的优化模式，为了达到以成效为导向的目标，该模型通过计算给出了成本最低的解决方案——基于每个国家的减排成本。某些额外的技术限制也考虑在内。最终采用成本效果最佳的方案，即能够以最低成本实现既定目标的减排控制措施组合。

GAINS 模型和临界负荷/水平概念是《哥德堡议定书》和 NEC 指令中欧盟目标制定过程的核心环节。临界负荷/水平是一种基于效果的概念，它着重于环境改善的数值。这意味着在制定 NEC 的过程中采用了成本效果分析方法。欧盟之所以采用这种方法，而没有采用成本效益法，其主要原因是沉积量和效果之间的关系的不确定性较大，以至于效益的评估值具有较大的局限性。

目前的趋势是在政策制定和评价其影响的成本效果和成本效益分析中，越来越多地利用影响途径法，在 NEC 指令的修订过程中，也采用这种量化评估方法来进行成本效益分析。成本效益分析量化了与暴露于该情境中的可吸入颗粒物和臭氧相关的、对健康的各种影响，并将其转换为每个成员国的货币价值以及整个欧盟 27 国的货币价值。

2.3.2.3 《哥德堡议定书》防酸化政策的成本效益分析实例

1999 年，联合国欧洲经济委员会（UN/ECE）中的 31 个国家在瑞典哥德堡签署了《远距离跨境空气污染公约》（LRTAP）框架下旨在降低酸化、富营养化和近地表臭氧浓度的《哥德堡议定书》。1979—1999 年《哥德堡议定书》谈判期间，成本效益分析首次用于评估欧洲防酸化政策。《哥德堡议定书》设置了 2010 年 SO_2、NO_x、VOCs、NH_3-N 四种污染物的国家排放限值，该限值通过运用国际应用系统分析研究所（IIASA）开发的 RAINS 模型中对污染影响程度和削减的选项模块科学评估而得出，估算了基准年 1990—2010 年的减排成本。

根据成本效益分析结果，《哥德堡议定书》实施后，至 2010 年，欧洲的 SO_2、NO_x、VOCs、NH_3-N 排放量较 1990 年将分别减少 63%、41%、40%、17%。由大气污染物减排产生的成本每年大约为 599 亿欧元（欧盟 15 国）、98 亿欧元（UN/ECE 其他国家）和 697 亿欧元（欧洲），而每年由于大气污染物减排降低损害所产生的效益，将超过千亿美元。至 2010 年欧盟各国等实施《哥德堡议定书》后，除葡萄牙外，其余各国效益均大于成本。

2.3.2.4　欧洲清洁空气项目的成本效益分析实例

2001 年 5 月，欧盟委员会启动了欧洲清洁空气（CAFE）项目，旨在收集、整理并验证有关室外空气污染、空气质量评估、污染物排放与空气质量预测等领域的科学数据，提出长期性、战略性的综合政策建议，以改善欧洲的空气质量。欧洲清洁空气项目利用 EMEP 和 RAINS 模型计算出的污染数据作为基线数据，使用成本效益分析方法评估了 2000—2020 年的环境状况，分析了同一时期政策实施的效益，重点关注了健康（死亡率和发病率）、材料（建筑物）、作物、生态系统（淡水、陆地、森林等生态系统）四个方面。

研究结果表明，2000—2020 年，实施欧盟清洁空气相关立法措施将产生巨大收益，每年因空气污染造成的各类损失将减少 890 亿～1 830 亿欧元；平均至欧盟 25 国，人均收益预计为 195～401 欧元。这其中尚不包括无法用货币衡量的各类效益，例如生态系统和历史文化遗产所受的损害减少。尽管如此，到 2020 年，大气污染仍将造成重大损失，估算损失值为每年 1 910 亿～6 110 亿欧元。

2.3.2.5　法国水体改善质量项目的成本效益分析实例

欧盟水框架指令（Water Framework Directive）实施第一阶段（2010—2015 年提出：至 2015 年，成员国所有水体需达到良好状态。但由于自然、技术或经济等正当理由，允许对某些特殊情况授予豁免权。其中，经济原因是指在项目或措施成本过于高昂的情况下，可以延期完成或降低水体改善目标，欧盟指导文件中推荐使用成本效益方法。为此，法国针对其境内的水质改善目标，采用成本效益分析方法确定项目成本是否超出了合理范围，讨论分析结果并获得决策者的反馈意见。由于收益至少应等于成本才被认为在经济上达到平衡，同时考虑 20% 的不确定性因素后设定，若收益小于成本的 80%，则表示已超出了合理范围。

总的来说，在 710 次成本效益分析中，约 3/4 的结果显示收益显著小于成本。结果表明，法国完成水体质量改善的目标在经济上面临较大难度，申请延期完成或降低水质改善目标的要求是合理的。例如，Be'thune 和 Arques 河流鱼类多样性较低且附近磷过量排放，初始水质较差。成本效益评估结果显示，为改善其水质达到良好状态的成本为 2.35 亿欧元，其中 85% 用于水质改善花费（如河流维护），另外 15% 用于一次性设施投资（如建设污水处理厂）。对生态效益以及为流域人口带来的效益进行评估时，得出在设施的生命周期内（2010—2040 年），收益仅为 1 820 万欧元，远低于成本。

2.3.2.6 荷兰地表水管理成本效益分析实例

欧盟水框架指令（WFD）架构了欧盟水管理的总体战略，确立了欧盟水环境保护目标。欧盟水框架指令最重要的创新之处在于将经济原则及其分析方法纳入水管理政策中。荷兰公共事务与水管理总司（RWS）和区域水务局为落实欧盟水框架指令提出的国别和区域水体管理目标，于 2007 年制定了一系列政策，计划于 2007—2027 年执行。

成本效益分析结果表明，为落实公共事务和水管理总司（RWS）/区域政策方案，2007—2027 年需 71 亿欧元投资。其中 2/3 的投资基于现有或已提出的管理政策，欧盟水框架指令执行的额外成本据估算为 29 亿欧元。按投资主体划分，区域水委员会承担 54 亿欧元，公共事务和水管理总司承担 17 亿欧元。如 71 亿欧元投资全部到位，预计其在 2007—2027 年产生的社会成本为每年 3.9 亿欧元，其中水委员会、市政负担和公共事务与水管理总司负担的份额分别约为 60%、15%、15%。2007—2027 年每个家庭额外支付年增长率为 0.7%，其中 1/3 的额外支付为执行欧盟水框架指令所产生的成本。执行欧盟水框架指令能够通过推广和落实政策，改善水文气象条件，显著改善荷兰地表水生态环境质量。这些措施具有净效益。欧盟水框架指令最重要的收益为水体生态质量改善，其他收益包括娱乐功能、促进健康和渔业生产。但这些收益难以用货币形式量化。同时，评估认为，既定政策目标难以在 2027 年达成，且执行欧盟水框架指令对落实欧盟 Natura 2000 规划的贡献有限。

2.3.2.7 德国环境政策的费用效益分析经验

在德国，对环境战略、规划、法规、标准、政策等制定和实施的费用效益分析十分重视，但并没有像美国一样，得到广泛应用，在某些具体领域，甚至还存在反对的声音，所以在德国，实际上环境政策的费用效益分析只是在不同领域、不同政策类别上、在微观层面应用比较多。反对的原因主要是：①谨慎性原则、科学性原则；②外部性货币化问题；③在间接费用、效益的计算方面，会忽略很多影响，难以形成共识；④费用、效益与技术有关，对具体的某项技术很难弄清楚；⑤数据、参数的缺失、来源难以可靠、透明；⑥假设因素太多（如气候变化对生命健康等的危害）；⑦模型方法复杂（如 CGE

模型、CMAX 模型等），难以掌握，难以操作；⑧有些领域根本就不需要 CBA，就一目了然知道是否采用一项政策（如空气污染）。

2.3.3　英国

2.3.3.1　英国费用效益分析制度

英国大力推进环境政策的费用效益评估工作。1995 年《环境法案》中对环境正评估进行了规定，要求英国环境署和苏格兰环境署两个污染控制机构对规制的成本和效益进行考虑。

（1）实施主体

英国政府下设的环境、食品与农村事务部（DEFRA）负责制定英国环境、食品和农村事务方面的政策，并承担政策费用效益分析评估的相关工作。DEFRA 主要领导部门是 DEFRA 监事会，监事会下设三个委员会，分别是审计和风险委员会、管理委员会和提名委员会。DEFRA 还和其他机构进行合作，包括执行机构，如食品、环境研究机构（FERA），非部门的公共机构（如环境署）和其他公共机构。

（2）评估对象

第三版《政策评估与环境》导则于 1998 年制定，替代了以前的导则。这一导则提供了政策筛选准则，要求政策预评估与政策制定同步进行，并且需要评估替代方案。但是在实践中，这些要求一般得不到满足，通常是在政策制定后进行评估，即"后评估"，而且只有已经制定的政策方案才能成为评估对象。

（3）评估方法

英国在确定具体的环境政策的成本效益时，经常使用的一个概念就是机会成本。计量机会成本有两个重要的指标，一个是愿意支付（WTP），另一个是愿意接受（WTA）。

（4）评估数据与信息

英国环境署、健康保护署等部门建立了完善的风险评估基础数据库，为英国的环境政策评估工作提供环境数据。英国的常规自动监测站数据、地形、部分气象数据等，只要是纳税人付钱产生的数据都是免费公开的。另外，英国拥有一批环境相关的咨询公司，专门从事相关的政策评估，如 CJC 咨询公司、Praeto 咨询公司。这些公司的评估文件都是对社会公开的，可以提供环境政策评估的资料信息。

2.3.3.2　英国空气质量战略的成本效益评估实例

空气质量战略的成本效益分析。2005 年 1 月，由 DEFRA 组成的工作小组，对空气质量战略进行费用效益分析。该空气战略的费用效益分析主要集中于对道路交通部门和电力部门的评估。其中，对道路交通部门的评估主要涉及以下政策：无铅汽油、欧 Ⅰ 标准、低硫柴油、欧 Ⅱ 标准、欧 Ⅲ 标准、燃油含硫量变化、超低硫燃油、欧 Ⅳ 技术（表 2-2）。

表 2-2　英国道路交通部门空气质量政策的费用效益

政策	评估时间段（1990—2001 年）/百万英镑		
	政策事前成本	政策事后成本	政策事后效益
无铅汽油	2 590	1 036	357～3 662
欧 Ⅰ 汽油车	5 834～8 751	437～729	1 126～4 922
欧 Ⅰ 柴油车	2 273～2 970	未知	702～4 256
1996 低硫	561	未知	263～2 409
欧 Ⅱ 标准	3 197～6 180	未知	329～1 972
2000 年燃油标准	737	368	36～319
欧 Ⅲ 标准	648～739	未知	42～213
2005 年燃油标准	270	135	68～500
欧 Ⅳ 标准	不在评估时间段内	未知	19～109
所有政策	16 109～22 807	2 000～4 000	2 941～18 370

数据来源：https://www.gov.uk/government/publications/the-costs-and-benefits-of-defra-s-regulations.

2.3.4　其他环境费用效益分析实例

2.3.4.1　中国台湾土壤及地下水污染场地整治的成本效益分析实例

2012 年，中国台湾"中华经济研究院"采用成本效益法分析所有已完成整治的污染场地的整治成本及完成整治后所带来的效益。根据中国台湾的土壤及地下水管理制度，主要将污染场地按原先的利用类型分为六大类，分别是农地、工厂、非法弃置场、加油站、储槽和其他。列管状态按照污染整治进程可以分为两种，分别是尚未完成整治行动的列管中场地，以及完成相关整治措施并通过成效验证后的解除列管场地。在分析时，主要针对已解除列管场地进行费用效益分析。在分析污染土地形态上,主要集中于除非法弃置厂外的其他五类污染场地。

(1) 成本估算

在成本估算环节,主要将成本分为三大类,分别是事前规划及设计成本、整治工程成本,以及事后监测及成效检验成本,同时配合中国台湾的场地资料,进行整治成本估算。

(2) 效益估算

在效益估算环节,将土壤及地下水污染整治效益归纳为五大类,分别是健康风险改善效益、地下水水质改善效益、农作物恢复耕作效益、土地价格改变效益与自然环境效益。重点考察前四类效益。

(3) 费用效益比较

分析结果显示,无论是哪种类型的污染场地,整治效益都要高于整治成本(表 2-3)。执行整治行动的总成本为 176 亿~268 亿元新台币,而总效益为 278 亿~468 亿元新台币,净效益区间为 102 亿~200 亿元新台币。

表 2-3　已解除列管场地的成本效益综合分析　　　　　　单位:亿元新台币

类型	工厂	农地	加油站	储槽	其他
成本	59.51~90.83	26.14~39.90	49.87~76.10	20.07~30.63	20.25~30.90
健康风险效益	0.02~9.82	0.00~0.06	0.00~0.34	0.00~0.04	0.00~0.00
土地价格效益	92.85~140.46	79.59~146.79	56.94~88.45	24.66~37.84	22.57~33.77
农作物效益	N/A	0.62	N/A	N/A	N/A
地下水水质效益	0.00~0.40	N/A	0.00~5.62	0.00~4.10	0.00~0.45
净效益	33.6~59.85	54.07~107.57	7.07~18.31	4.59~11.35	2.32~3.32

注:N/A 表示没数据。

2.3.4.2　以色列机动车加速淘汰计划(AVR)的费用效益分析实例

以色列学者 Doron Lavee 和 Nir Becker 于 2008 年对以色列机动车加速淘汰计划进行了费用效益分析研究。他们将机动车类型划分为私家车、卡车和巴士。

(1) 费用估算

在费用估算环节,研究者主要考虑两方面的内容:一是机动车所有者淘汰机动车的费用；二是政府的管理费用。对于前一项内容，主要采用二手机动车的市场价格来计算。对于政府的管理费用，考虑其相比于机动车的市场价值要小很多，并未纳入计算。

（2）效益估算

在效益估算环节，研究者主要考虑以下几个方面，包括大气污染物的减排、交通事故的减少、机动车安全性能提升带来的伤亡减少、机动车拆解回收利用、交通拥堵的减少、新车销售带来的税收增加等。其中，重点分析了大气污染物的减排效益、机动车拆解回收利用效益，并将它们货币化。其他效益采用定性分析的方式进行表述。效益的货币化采用愿意接受（WTP）的方法进行测算。

（3）费用效益分析比较

分析结果显示，对于私家车来说，机动车加速淘汰计划的净效益较高。在最严格的假设条件下，投入 6 309 NIS（以色列货币，新锡克尔）的激励支付将有助于淘汰 98 000 辆私家车，在计划实施周期的 5 年内将获得 2.38 亿 NIS 的净效益。从减排效益看，相比未实施该计划的情景，5 年内将减少 17% 的污染物排放。而对于卡车和巴士来说，机动车加速淘汰计划的成本要高于效益。这主要是由于不同类型机动车淘汰的污染减排量不同（私家车的淘汰更新减少 88% 的污染物排放，卡车和巴士的淘汰更新减少不高于50% 的污染物排放）、机动车年度自然淘汰率（私家车 10%、卡车和巴士 33%）的不同以及机动车回收利用效益的差异。

2.4 费用效益分析存在的争议

费用效益分析作为决策原则、决策程序和绩效评估手段的优势显而易见，尤其受到了美国政府的推崇。过去 20 年，美国将费用效益分析方法广泛应用于各个领域，间接促进了费用效益研究的不断发展。但在理论界关于费用效益分析的研究与实践中，同时存在称赞和批评的声音，对费用效益分析的批评和质疑主要集中在伦理和方法两个层面。

2.4.1 对费用效益分析的伦理批评

2.4.1.1 涉及人类生命的估价方法缺乏道德考虑

政策制定人员进行费用效益分析时，通常需要推测各类措施可能产生的效果，包括人类死亡率和患病率降低，环境能见度、娱乐功能、动物福利、资产价值提升等。在确定这些效益时，分析人员基本上以支付意愿作为基础，对人类生命、健康情况、对环境的损害等一系列因素赋予货币价值。例如，美国环保局在研究了工作场所中存在的全部现实风险后，核定出一个人的统计寿命（VSL）价值约为 610 万美元；如果在工作场所中存在 1/10 000 概率的风险，则每个工人每年平均可以获得 600 美元的额外工资。

以阿克曼为代表的学者强烈反对使用支付意愿作为生命价值的评判标准，因为这涉及道德判断，不应将人类死亡单纯视为"成本"；而且使用金钱衡量人类生命的价值，这一过程本身不仅具有相当的随意性，同时也会产生其他恶劣后果。有关支付意愿的评价一般基于对工作场所风险的研究。研究人员利用统计方法计算出工作风险后，利用需支付的工资和保险数额来计算统计寿命价值。这种研究忽视了一个事实，即工人们通常意识不到他们在工作场所面临的风险；即使工人知晓了所面临的风险，他们却没有选择权，只能接受现有工资和保险的数额，但这并不表明他们认为自身价值等同于这一货币价值。有关学者还提出，即使统计意义上等价的风险，人们对其的估值也并不相同；对这些风险价值的认定除了与致死率、伤害程度有关外，还与风险的本质与发生的场所密切相关。此外，公众和风险评估专家对风险的关注点也不同，风险评估专家关注受威胁的人数，普通人则担心无法控制、无法逆转、人为制造灾难性的风险。这种认知上的差异都需要反映在政策和立法中，显然费用效益分析不能做到这一点。

2.4.1.2　公平问题

费用效益分析以卡尔多-希克斯补偿原则作为基本法则，只要政策或项目的收益（社会福利的增长）大于成本（社会福利的损失），就可以做出批准实施的判断。因此，费用效益分析在衡量一项提议或项目是否具有价值时，通常只考虑行动产生的结果，不考虑分配问题；只衡量宏观的成本与收益，不考虑定性差异。费用效益分析并未注意到一个重要问题，即究竟谁受益谁受损？谁将为保护措施付费，谁又能享受收益？这其中显然存在着费用与收益的分配差异，而费用效益分析通常会忽略甚至加剧这种分配方面的社会不公平现象。其次，是否"愿意付出代价"是计算费用效益分析的标准，但是支付意愿取决于个人支付能力。对贫困人口而言，即使他们非常想要某种产品或服务，也有可能支付不起相应的代价。此外，还有学者批评费用效益分析没有考虑代际公平的问题，通过对未来的费用与收益贴现来决定会影响未来的行动，忽视了未来世代的选择权；

21 世纪在进行决策时忽视和减损保护未来世代所采取的措施，是对未来世代的不公平。

费用效益分析忽视了公平和正义等其他社会层面的意义，而公平与正义又是进行社会决策时必须要考虑的问题，因此理论界对费用效益分析只关注效率的做法抨击猛烈。实际上，卡尔多-希克斯改进这一理论基础使费用效益分析只关注增加总体收益，力争扩大蛋糕，让全社会有更多收益可以依照道德上或政治上既定的分配原则进行分配；换言之，平等与分配本来就不在费用效益分析的考虑之列，公平问题可以通过各类政治途径得以解决。目前，理论界也开始研究如何在费用效益分析中反映社会福利问题，例如可以对不同社会偏好赋予不同的权重。然而，理论界对公平问题究竟应该在费用效益分析中占多大权重仍所知甚少。给予公平因素不同的权重，分析的结果会呈现出极大的差别。这种巨大的不确定性导致分析人员不愿意将公平因素纳入分析领域。

2.4.1.3　客观中立性

政府和保守智库机构经常强调费用效益分析是支持决策的中立性工具，但是法律学者近期的研究表明，费用效益分析在本质上充满政治性，其建议选择的方案甚至有悖于人们通常认为的最应该坚守的公共保护底线。支持费用效益分析的学者认为，费用效益分析考虑因素全面，对每一个因素都公平赋值，因此客观、中立、理性。有批评人士指出，在环境、健康、安全及其他社会监管领域，费用效益分析通常建议选择成本更加低廉的措施，而不是支持更加严格的保护措施。

美国国会会计总监局（GAO）的报告显示，自 12866 号总统行政命令实施以来，2001 年 6 月至 2002 年 7 月，总统预算办公室（OMB）通过对下属的信息与监管办公室（OIRA）开展费用效益分析，"严重影响了 25 项"环境、健康与安全法规的修订与实施。如果费用效益分析确实是"中立性"工具，就应该像支持费用低、要求宽松的措施那样支持更加严格的保护措施；信息与监管办公室的分析结论中，应既有强化某些措施的建议，也会有削弱某些措施的建议。事实却是，信息与监管办公室的建议没有强化任何一项环境、健康与安全法规，反而削弱了其中 24 项法规的保护力度。这说明即便费用效益分析具有客观中立性，政府也会使用其反对更加严格的保护措施。

从理论上看，费用效益分析方法论中的价值选择问题也是导致其无法中立的原因。人们可以相对中立的方式进行费用效益分析，但是，不同的收益计算方法会得到截然不同的结果。例如，费用效益分析人员不会考虑受害者吸入工作场所的有害气体后，工厂会支付多少费用让受害者同意死于癌症；而是考虑让潜在受害者支付工厂多少费用以避免致癌风险。尽管费用效益分析看起来客观中立，但它实际上却体现出了功利主义的原则。

这些有关伦理的批评意见，归根结底是反对把收益看作超越一切的标准。对于一个治理良好的社会而言，很多只重视收益的原则与方法并不适宜作为决策和检验的标准。

2.4.2　对费用效益分析的方法学批评

在评估费用与效益的过程中，通常需要进行大量的推断甚至猜测。一般情况下，确定费用相对而言最为简单，但也存在着影响计算的重大经验性问题。例如，政策、法规、标准的严格程度不同，实施成本也不同；严格的环境保护标准同时会激发技术创新，进而减少污染治理程序。确定政策或法规措施的实施收益更为复杂，通常需要进行两项独立分析：评估发生潜在危害的风险以及对可能收益进行货币化。事实证明，计算这两个因素非常困难——数据集合不完整、不确定因素过多会影响风险评估，很多收益难以被货币化。因此对费用效益分析的方法学批判一般集中在价值量化方法上，其中最为突出的是对个人支付意愿、贴现率和货币化中不确定性的批评与质疑。

2.4.2.1　支付意愿问题

收益端的支付意愿（WTP）是费用效益分析开展评估使用的标准理论方法之一，也是目前最受理论界批评的方法论问题之一。持批评态度的学者认为，以支付意愿作为基础判定收益并制定政策法规并不恰当，主要有以下三个方面的原因：

第一，支付意愿的标准难以确定。费用效益分析实际是按照汇总后的个人支付意愿这个唯一标准对价值进行排序，并参照这一标准评估政策、法规等措施，但支付意愿忽略了某些重要的变量，例如，公平和其他的价值。这一点也是理论界对支付意愿批评最多之处。批评者认为，功能健全的民主体制决策时，应该尊重公民在充分知情的前提下做出的判断，不是将个人消费选择汇总后进行推断。

第二，存在假想偏差。使用支付意愿进行收益估值，即在假想市场情况中针对某种改善品（或某一环境效益改善）直接调查人们对于其的支付意愿。在假想情景下，人们表达出的支付意愿通常与在实际生活中的真实支付意愿有偏差，例如，在涉及自愿性付费的项目时，偏差通常较大，因为会有"搭便车"的现象存在；此时的支付意愿并不能完全反映出所涉及物品的真实价值。

第三，使用支付意愿方法对非市场产品与偏好进行赋值，可能存在赋值错误，本身存在争议性。萨戈夫和安德森等严厉谴责费用效益分析使用支付意愿法将公共产品及其他非市场价值转化为商品价值时赋值错误，严重缩减了公共产品的"真实"价值，因为经济学的科学手段根本无法对精神、审美、历史价值等内容恰当赋值，尤其是具有公共属性的物品。

2.4.2.2　贴现率问题

在评估未来的费用与效益时，需要将未来价值折现成当前价值进行相关比较，贴现因此成为理论界关注的一大焦点。与评估短期或中期项目不同，在对诸如环境问题等长期性问题进行贴现分析时，赋予遥远未来产生效益的权重一般非常低，甚至接近于零，那么长远收益贴现后的价值也会非常低。这样一来费用效益分析通过贴现分析可以使气候变化之类具有长远影响的重大问题消失于无形。这就引起了理论界的激烈讨论。究竟应该如何看待贴现问题，应将其归属为社会选择或伦理问题，还是简单认定其只反映个人对未来的偏好。

此外，未来经济状况及利率存在不确定性，会对贴现率的选择造成直接影响。分析人员通常会使用固定的贴现率进行计算。学界一般认为贴现率不应超过3%；但是在现实操作中，有人会选用5%、7%甚至10%的贴现率，大大低估了未来效益的潜在价值。例如，一项25年期的收益，如果使用3%的贴现率，其净现值将减少30%，如果使用7%的贴现率，则净现值将减少50%。从理论上讲，政府进行投资决策和政策评估时使用的贴现率应该随着时间的推移逐渐降低，既符合了现实世界的情况，也可以因此减缓贴现因素的增长。但是随时间变化的贴现率在使用上也有问题，时间的不一致可能会造成某一个时间点的计划与后续行动产生冲突，在解决一个问题的同时，又造成了新的问题。

有学者认为，有些价值不能贴现。例如，使用贴现率计算环境政策措施的未来价值，完全忽视了这些政策措施在未来可以拯救的生命价值以及带来的人类健康价值；因为生命和健康价值不能折现，因此无法进行贴现计算，无法反映在现有货币化收益中。这无疑给法律法规的未来价值打了折扣。

2.4.2.3　货币化中的不确定性问题

很多学者认为，费用效益分析最困难的部分是将风险和收益转化为货币价值。在目前的实践中，计算货币价值主要根据现实中的市场情况，将市场估价作为补偿的基本依据。然而，许多内容难以量化。早就有学者质疑了费用效益分析在评估自然环境价值方面的能力。如何将自然的价值货币化，如何确定保护生态系统和濒危物种的价值，都值得商榷。再如致癌物质的确切危害程度、某种污染引起的风险到底有多大，精确评估它们的收益是相当困难的，也容易引起争议。有些价值需要通过深度动态分析才能有所了解，由于存在操作难度，人们在进行费用效益分析时通常会忽略无法用货币量化的各类价值。费用效益分析采用简单的累加方式计算收益结果，不能反映出无法量化的价值，因此不够全面。此外，在进行环境领域的费用效益分析时，研究人员不一定总能制定出环境结果的发生概率。这种与发生概率相关的不确定性，使费用效益分析无法发挥作用，此时只能使用预防原则，采取措施防范最坏的情况发生。

2.5　环境政策的费用效益分析经验总结

2.5.1　国际经验总结

（1）重视法律保障

在美国、英国等发达国家，环境政策费用效益分析已被纳入立法范畴，通过法律要求强制开展环境政策费用效益分析。美国国会于 1995 年颁布的《短期国债改革法案》，要求对那些每年需要花费 1 亿美元及以上的法律法规（包括环境保护法律法规）进行定量的费用效益分析；2000 年，美国国会通过的《监管知情权法案》，要求预算办公室（OMB）每年递交给议会前一年联邦规制（包括环境规制）的成本和效益的年度报告。

（2）重视费用效益分析机制建设

一是明确环境政策费用效益分析责任主体，如欧盟在环境政策费用效益分析初期，欧盟委员会指定欧洲环境署负责成员国的环境政策影响分析工作；后来，欧盟委员会也委托技术咨询公司进行成员国家的环境政策影响分析工作。二是强化费用效益分析的数据信息保障，如欧盟成立欧洲环境信息与检测网（Eionet）帮助欧洲环境署（EEA）进行成员国家环境信息的收集。

（3）具有统一灵活的环境政策的费用效益分析框架

美国等发达国家实施环境政策费用效益分析既有统一框架又有灵活性，如许多国家都在立法中明确了实施环境政策费用效益分析的对象、范围、方法、流程等，但是由于环境政策涉及多部门、多领域，政策特征性有差异，数据信息获取的难易程度等也不同，因此在对环境政策费用效益分析时提供了一个系统框架，在此框架下，有些是必须要开展的事项，而有些内容则可以据环境政策情况及条件来具体实施。

（4）重视政策实施的经济影响分析

美国经验表明开展经济分析，不但政府和国会可以依据政策实施的成本和效益及其对宏观经济和社会分配影响等经济分析结果做出科学决策，而且，经济分析可以使企业和公众了解颁布政策的意义，接触对政策实施的技术经济障碍的顾虑，减轻政策实施的阻力。

2.5.2　对中国的启示

（1）高度重视环境政策的费用效益分析

费用效益分析主要是从经济视角定量分析政策措施的各项成本和全部收益，核心是协调好经济发展与环境保护、政府管制与市场经济的关系。美国、欧盟等发达国家和地区的理论研究和实践经验表明，费用效益分析既能显示出某项政策或项目对于社会的经济收益或成本，也可以对不同的政策或项目选项的结果进行比较，论证过程相对公开透明，计算程序比较科学规范，对于扭转发展的传统惯性模式、全面考核执政绩效提供了重要的科学基础。我国应高度重视，充分学习借鉴发达国家的先进经验，逐步推进建立环境政策的费用效益分析制度，提高政府决策的专业性和科学性。

（2）搭建环境政策费用效益分析制度

环境政策费用效益分析是一项涉及领域多、范围宽泛、方法多样、利益相关方复杂，涵括因素多的一项工作，与评估主体对该工作的价值取向和定位有直接关系。推进该工作，首要的是需要国家法律法规层面的支持。在出台的环境保护相关法律法规和规章文件中，可增加环境政策（或重大环境决策）制定和实施的费用效益分析，特别是增加对经济社会影响评价的相关内容。除了需要在有关的公共政策评估相关法律中明确此项内容外，也可以在专门的环境法律中对此予以明确，这解决了环境政策的费用效益评估的立法依据问题。也需要出台更加细化的"环境政策的费用效益评估管理办法",为环境政策的费用效益评估提供规范框架,要意识到环境政策评估工作的法制化有一个逐步完善的过程。生态环境部尽快研究出台"关于开展环境政策的费用效益分析工作的指导意见",提出开展环境政策的费用效益分析(经济社会影响评价)的必要性和重要意义,明确环境政策费用效益分析的目标原则、任务内容、技术方法和工作机制,实质性推进这项工作。

(3)加强费用效益分析技术体系建设

借鉴 EPA 等国际经验,根据中国实际,提出"环境政策费用效益分析基本框架""环境政策费用效益分析技术规范(操作指南)""环境政策费用效益分析的法规化模型方法(应用手册)""环境政策费用效益分析的调查方法"等技术规范体系。同时,逐步研究建立环保立法、环保体制、环保标准、环保规划、专项行动计划、环境技术政策、环境经济政策等不同类型的环境政策制定和实施的费用效益分析技术规范。对国家有关部门和地方层面开展环境政策费用效益分析工作予以指导,减少政策费用效益分析探索的盲目性,最大限度地提高政策费用效益分析工作的效果和效率。

(4)加强费用效益分析平台能力建设

一是加强组织机构和人才队伍建设。加强国家和各级地方环保部门或环科院所关于环境政策的费用效益分析机构、人才队伍建设。明确环保行政机构关于费用效益分析的业务分工,强化相关职责。加强费用效益分析决策支持机构、第三方评估机构和人才队伍建设,建立费用效益分析秘书处或研究中心,具体负责协调组织召开相关会议,并组织不定期的费用效益分析项目交流和讨论,并形成及时汇报机制。建立环境政策费用效益分析专家人才库。二是开展费用效益分析培训教育。翻译 EPA 关于环境政策费用效益分析操作手册,编写出版有关中国环境政策费用效益分析培训教材或技术规范,加强全国各省市相关人员的知识培训和教育。三是加强环境政策费用效益分析大数据建设。加强费用效益分析基础数据、技术参数调查和分析,加强不同类别、不同行业、宏观经济环境等费用效益分析的信息化能力和大数据建设,提供数据质量保障。四是加大政府对环境政策费用效益分析的能力建设资金投入,包括项目研究、技术规范编写、大数据建设、培训教育等。

(5)加强费用效益分析国际合作交流

加强与 EPA、美国能源基金会、麦肯锡公司等国际机构的合作,借鉴它们的先进经验和做法，提升环境政策费用效益分析的能力。可就相关合作领域的议题在国内开展人员培训、组织研讨会、培训班等能力建设活动；为环保部门相关人员提供支持，赴欧美等发达国家进行培训、交流；支持环保部门领导与国际组织、主要经济体环境保护管理部门和跨国企业、国际 NGO、国际媒体和学术界等开展全面的交流合作。

（6）开展环境政策费用效益分析试点示范

一是在环保立法、环保体制、环保标准、环保规划、专项行动计划、环境技术政策、环境经济政策等不同类型的环境政策制定和实施中以及在省、市、县不同层次，电力、钢铁等不同行业中开展费用效益分析试点。二是开展专项性国家重大环境决策的费用效益分析试点，结合大气、水和土壤污染防治行动计划等重点环境保护工作以及环保标准实施、黄标车淘汰、油品升级等重点政策措施推进专项性环境政策的费用效益分析试点。三是设立国际合作研究项目或财政预算项目，加大研究投入，深入开展专项性环境政策的费用效益分析模型工具和案例应用研究，积累经验，分步推进。

第 *3* 章
环境政策的费用效益分析的理论框架

3.1 基本理论

本书从公共政策分析理论、外部性理论和系统结构理论三个方面来简述环境政策实施评估的理论基础。

环境问题产生的根本原因是现代经济活动中市场不能有效地反映环境成本而导致的环境资源配置低效率,外部性理论对环境成本外部化的问题给出了详细明确的分析和解释,并为解决此问题提出了思路。环境政策就是国家为应对环境问题所制定的一系列控制、管理和调节措施的总和,环境资源的公共属性决定了环境政策必然是公共政策的重要组成部分。因此,公共政策分析的思路和方法,同样可以指导对环境政策的评价和分析。另外,由于环境政策是一个多层次、多要素的复杂体系,其涉及的整个系统是分层次的,系统结构理论可以在环保政策实施效果评价时帮助我们清晰完整地建立指标体系。

3.1.1 公共政策理论

3.1.1.1 公共政策的含义

针对公共政策的概念,不同领域的学术研究者理解的歧义颇多,尚未形成一致的界定和认同。

行政学鼻祖,美国学者伍德罗·威尔逊(Woodrew Wilson)认为,公共政策是由政治家制定的并由行政人员执行的法律和法规。公共政策科学的创始人之一哈罗德·拉斯韦尔（Harold Lasswell）和亚伯拉罕·卡普兰（A.Kaplan）曾经提出，公共政策是"一种含有目标、价值和策略的大型计划"。斯图亚特·内格尔对公共政策的认识颇具代表性，他认为"公共政策是政府为解决各种各样的问题所做出的决定"。理查德·罗斯（Richard Rose）在《英国的政策制定》一书中提出了很有价值的见解，即不该把公共政策只看作一个孤立的决定，而是一系列有关联的活动组成的一个过程。

自 20 世纪 90 年代初，公共政策研究进入中国后，国内学者对公共政策含义的理解就颇具政治特色。综合国内学者的观点，可以得到以下几个要点：①公共政策是国家机关和政党在特定时期为实现一定目标而制定的行为准则；②其作用是为了规范和指导相关团体和个人的行动；③其表达形式有法律法规、标准、指示和命令、行动计划及相关策略等。

3.1.1.2　政策评估的含义和作用

在规范的意义上，政策分析贯穿于政策制定、政策执行、政策评价、政策监控和政策终结等全部过程中，在于应用一切可能的知识、理论、方法和技术等能力，正确地制定政策和有效地执行政策。

政策评估包含对政策制定过程的分析评估、对政策执行过程的评估和对政策实施效果的评估等几种不同的立足点。所谓评估，就是评价和估量，是指根据一定的标准对事物的优劣作出判断。通过政策评估，人们不仅能对政策本身的价值作出判断，从而决定政策的持续、发展、调整或终结，而且能够对政策过程的不同阶段进行考察和分析总结，汲取经验教训，为今后的政策实践提供有价值的参考和借鉴。

对政策实施效果进行评估，是公共政策分析的极重要环节。本研究主要关注的就是政策分析理论中关于政策效果评估的部分。

3.1.1.3　政策实施效果

政策的效果就是政策执行后对客体及环境所产生的影响和效果。要对政策实施效果进行评估，首先必须了解政策效果的类型、分析角度和评价标准。

（1）政策效果的分类

从政策执行角度，可以将政策效果划分为直接效果、附带效果、意外效果、潜在效果和象征性效果几类。

直接效果是指政策实施后对政策制定者所要解决的政策问题及相关事物所产生的

直接影响。它有两层含义：第一，在直观的、经验的层面上可以观察到的效果；第二，在实现预期的范围内出现的效果。

附带效果是指政策实施过程中，超出了政策制定者预期的目标和期望，并对间接作用的组织、集团和环境产生的附带效果。附带效果是在直接效果之外，但是因直接效果的连带影响而出现的一种从属性或关联性的效果。

意外效果是指政策执行后所产生的出乎政策制定者预料的效果。意外效果因政策执行而起，但又不在政策预期之内。

潜在效果是指政策执行后，在短期内不易为人们所察觉，但在今后相当长的一段时间里有可能表现出来的效果。

象征性效果是指可能具有微不足道的有形效果，其初始用意只是为了让政策实施对象得到某种印象，从而减轻对政策的压力，或激发起某种精神。

（2）政策效果的评价角度

对政策效果的分析，大致包括三个角度：一是政策结果分析，即对政策执行结果、目标实现程度的分析；二是政策效益分析，即对政策产出和政策投入之间的关系进行分析；三是政策效力分析，即对政策所产生影响力的综合分析。

也有从投入—产出，或者费用—效益角度来分析的，这就类似于上面的政策效益分析。从这个角度分析，政策效果基本由两个方面的因素决定：一是政策执行成本；二是政策执行结果。投入较少，政策效果较高的政策，社会效果较好；反之，社会效果较差。

（3）政策效果的评价标准

政策评价实质上是一种价值判断，是对政策实施所产生的各方面的影响和效果的综合评判。相应的判断标准主要有生产力标准、效益标准、效率标准、公平标准以及政策回应度。

生产力标准就是看政策有无或在多大程度上解放了生产力、促进了生产力的发展。

效益标准是以实现政策目标的程度作为衡量政策效果的尺度，关注政策的实际效果是否达到政策预期目标，在多大程度上完成了预期目标，跟预期目标还存在哪些距离和偏差。

效率标准即政策效益与政策投入之间的比率。主要反映了某项政策以最小的投入获得最大的产出方面的情况。

公平标准指政策执行以后，导致与该项政策有关的社会资源、利益及成本在社会不同群体间重新分配的公平程度。

政策回应度指政策执行后对政策实施对象需求的满足程度，从而从总体上衡量政策对社会的宏观影响。

公共政策被认为是对社会公共利益的权威性分配，因此，公众利益是一切公共政策的出发点和最终目标。政策评价作为对政策的效益、效率、效果及价值进行判断的一种政治行为，是政策运行过程中的重要环节，有着重要的地位，它直接关系到公共政策修正、调整和重新选择等，具有十分重要的意义。随着公共政策在国家宏观调控中的作用日益突出，公共政策评价已经引起政府和人民群众越来越多的重视。

3.1.2   外部性理论

3.1.2.1   外部性的内涵和特点

马歇尔在其《经济学原理》中写道："我们可以把因任何一种货物生产规模的扩大而发生的经济分为两类：第一种是有赖于该产业的一般发达所形成的经济；第二种是有赖于某产业的具体企业自身资源、组织和经营效率的经济。我们可把前一类称作'外部经济'，将后一类称作'内部经济'。""外部经济"这一概念从此进入了经济学家的视野。经过一代又一代经济学家的发展，外部性理论的发展经历了三个阶段，分别以马歇尔的"外部经济"、庇古的"庇古税"和科斯的"科斯定理"为里程碑。经过新制度经济学的丰富和发展，外部性理论已成为现代经济学理论体系的一个重要组成部分。

所谓外部性，是指在实际经济活动中，生产者或消费者的活动对其他消费者和生产者产生的超越活动主体范围的影响，而这些影响未能由市场交易或价格体系反映出来。如某企业为用户提供产品或服务，用户是企业活动的直接关联者；同时，该企业的生产活动又会对周围的居民产生影响，这些居民即为与该企业活动无直接关联者，企业对居民的影响没有在企业的生产交易活动中得到反映，则称为外部性。

由以上外部性定义可归纳出外部性主要有如下几个特征：

①外部性是由人为活动造成的。

②外部性是经济活动中的一种溢出效应，在受影响者看来，这种溢出效应不是自愿接受的，而是由对方强加的。

③经济活动对他人的影响并不反映在市场机制的运行过程中，而是在市场运行机制

之外。市场机制的基本特征是，如果经济主体的活动引起了其他经济主体收益的增减变化，这一经济主体就必须以价格形式向对方索要或支付货币。如果发生了外部性，那么就不会有表现为价格形式的货币支付。因此，外部性发生于市场运行机制之外。

由于经济主体的活动对其他主体的影响有好坏之分，因而外部性可分为正外部性和负外部性。

在很多时候，某个人（生产者或消费者）的一项经济活动会给社会上其他成员带来好处，但他自己却不能由此得到补偿。此时，这个人从其活动得到的利益就小于该活动带来的社会利益。如某林业企业从其林业活动中得到私人收益，但该企业的植树造林，优化了环境，保护了生态平衡，为居民提供了良好的生活环境，社会从该企业的活动中得到了额外的收益。此时，社会的收益就大于私人收益。这样，该企业产生了正外部性，也称外部经济。

另外，在很多时候，某个人（生产者或消费者）的一项经济活动会对社会上其他成员带来危害，但他并不为此支付足够补偿这种危害的成本。如钢铁、造纸等企业生产行为带来的环境污染，社会就必须要拿出一定的资金对污染进行治理。所以，对社会来说，其所支付的成本就不仅包括企业的私人成本，还包括社会治理环境污染的费用。显然，此时的私人成本是小于社会成本的。这时，该企业的活动产生了负外部性，也称外部不经济。

3.1.2.2　外部性产生的根源及其解决办法

从外部性的定义和对资源配置的影响可以看出，外部性产生的内在原因是市场失灵。

市场是为商品交换的各方提供机会进行协商，从而对彼此有利的一种机制。市场失灵是指市场不能正确估价和分配资源，不能将公共资源成本体现在价格体系中，从而导致商品和劳务的价格不能反映它们的真实成本。既然外部性不能在价格体系中体现，那么将外部性内部化不失为一种好方法。所谓外部性内部化，就是使生产者或消费者产生的外部费用，进入他们的生产或消费成本，由他们自己承担或"内部消化"，从而弥补私人成本与社会成本的差额，以解决外部性问题。

解决环境污染外部性主要有两条途径：

一是来自庇古的思想。在治理外部性的经济手段方面，庇古认为产生负外部性的经济主体并未承担社会用于治理负外部性的费用，因此，政府应通过征税的方式将污染成本加在企业的成本中去。庇古从公共产品问题入手，分析了厂商生产过程中社会成本与个人成本问题，认为两种成本的差异构成了外部性，从而提出了征收"庇古税"作为治理外部性的方法。这一思路的特点是，由政府对微观经济部门进行调控，以达到资源的最优配置，从而实现帕累托最优。

二是遵循科斯的思路。罗纳德·科斯从"产权界定"入手，探讨了外部性的治理。科斯认为市场失灵源于市场本身的不完善，市场失灵只有通过市场的发展深化才能解决。在科斯看来：通过经济主体间的谈判来解决外部性问题，只要经济主体间产权明晰，且交易费用足够少，市场机制会找到最合理的方法，并使资源达到帕累托最优状态。明晰产权是处理外部性的关键，而不管权力属于谁，只要产权关系明确地予以界定，私人成本和社会成本就一定会相等。

事实上，单纯地运用庇古手段或科斯手段都相当困难。

3.1.2.3 外部性理论对环境保护的意义

（1）环境资源的公共物品性质

公共品是指那些可供全体消费者或部分消费者消费或使用，而不需要或不能够让这些消费者按市场方式负担其成本的产品。公共品有两个重要的性质：非竞争性和非排他性。

环境资源就是一种公共资源，由于自身的非竞争性和非排他性导致了生产建设过程中环境污染及资源浪费现象。企业可以肆意占有公共资源而不必付出任何代价，这样人人抢占公共资源为自己产出利润，长此以往，就出现了像"公地的悲剧"那样为了个人利益而损害社会总利益的行为。同样，企业也可以任意地向环境中排放废物，减少处理废物的成本，本身收益大大提高，但是就整个社会大系统而言，一个企业排出的废物很可能为其他企业的生产增加了成本，从而造成大面积的外部不经济性，使社会成本增加，资源被浪费。

环境使用的零价格导致了私人成本和社会成本的偏离。由于人们在经济活动中只会考虑私人成本而不会考虑所造成的外部成本，污染密集型商品的价格不能反映它们对环境的损害，使这些产品的成本被低估。这种成本被低估的结果必然导致污染密集型产品的生产和需求过高，同时产生两种不同的配置效应。首先，环境的零价格使用导致损害环境的产品过度生产，这意味着过多的资源用于污染密集型部门，过少的资源用于有利环境的部门。相对价格的扭曲导致人们偏好使用损害环境型产品。其次，由于不必支付使用环境的成本，环境资源被过度使用，造成环境退化。

（2）外部性理论是环保经济手段的理论基础

生态失衡、环境破坏是当今社会最严重的问题之一，它直接威胁着人类社会的生存和发展。

外部性理论一方面充分地解释和说明了现代经济活动中出现的一些资源配置低效率、环境破坏的根本原因；另一方面又为如何解决环境外部不经济性问题提供了可供选择的思路和方向。例如，政府对产生负外部性的经济主体增加税收，使经济主体的外部成本内部化；经济主体之间进行谈判和协商，既解决了它们之间的利益矛盾，又使环境得到保护；进行排污权交易，将排污量控制在环境能够允许的限度以内，促使经济、社会、资源三者的协调发展。

总之，外部性理论为社会的可持续发展思想奠定了理论基础，是可持续发展思想的理论依据之一，是环保经济手段的理论基础。

3.1.3　系统结构理论

系统的结构是指系统内部各要素的排列组合方式，系统结构分析作为系统分析的一个重要方面，其目的是要找出系统结构上的层次性、相关性和协同性等特征。本研究主要借鉴系统结构分析方法中的层次分析法。

系统是分层次的，系统各层次间既有相对独立性，又有相对的关联性。层次分析法（AHP）是美国著名运筹学家萨蒂教授（T.L.Saaty）于 20 世纪 70 年代提出的一种系统分析方法。层次分析法能将定性分析和定量分析有机地结合在一起，它是分析多目标、多准则等复杂的公共管理问题的有力工具，具有思路清晰、方法简单、适用范围广、系统性强、便于推广等特点，适宜于解决那些难以完全用定量方法进行分析的公共政策评价问题。

运用层次分析法解决问题的思路是：

首先，明确问题中包含的各因素及其相互关系，把要解决的问题分层系列化，形成一个递阶的、有序的层次结构模型。

其次，对模型中的每个层次因素的相对重要性，依据人们对客观现实的判断给予定量表示，再利用数学方法确定每一层次全部因素相对重要性次序的权重。

　　最后，通过综合计算各层次因素相对重要性的权重，得到最低层相对于最高层的相对重要性次序的组合权重，以此作为综合评价的依据。

　　层次分析法将人们的思维过程和主观判断数学化，不仅简化了系统分析与计算工作，而且有助于决策者保持其思维过程和决策原则的一致性，对那些难以全部量化处理的复杂的公共管理问题，能够取得令人满意的结果。

　　由于环境政策实施涉及的领域广泛，相关的利益群体十分庞大，政策实施涉及的整个系统是分层次的，系统各层间既有相对独立性，又有相对的关联性。根据环境政策的内容和特点，对环保政策实施的效益评估可以分为三部分，主要从环境效益、社会效益和经济效益三个方面进行构建，每个方面都由相应的几个指标来体现。

3.2　基本内容

3.2.1　环境费用分析

　　环境费用主要包括采用这项环境政策带来的末端治理措施的投资、运行成本；中间采取措施技术改造成本；结构调整成本（企业关停或搬迁时资本损失的利润），企业减少的环境税费，公众增加的各项损失等；政府增加的管控成本、补贴成本等（表 3-1）。其中：

表 3-1　环境政策实施的费用指标

费用主体	细化指标
政府	环境监管能力建设投入 环境监测费用 环境治理工程投入 ……
企业	企业关停或减产的损失 更新改造生产技术的成本 新增或更新污染物处理设施的投资 污染物处理设施运行成本 ……
公众	增加的出行费用 增加的购买支出 ……

（1）基建投资：包括废物治理、收集、循环、处置及预防等的构筑物或设备的安装、改装等的支出，还包括设备装置安装启动的支出等。如购买环保设备、材料、场地整理、设计、采购、安装等，相当于"固定成本"。在费用效益分析中，该固定成本可随设备使用寿命进行年度折旧分析。

（2）运行成本：通常是与原料、水及能源、维护、供给、人工、废物处理、运输、管理控制、储存、处置有关的支出及其他费用。而生产率的提高、副产品或废物的出售及重复利用、环境税费的减少等所获得的收入可以部分补偿运行支出，相当于"变化成本"。

3.2.2　环境效益分析

环境效益分析主要包括采取政策措施后增加的环境效益（污染排放减少、环境质量改善）以及环境改善的终端效益（人体健康效益，清洁费用减少，农作物产量增加，建筑材料腐蚀等污染损失减少）（表 3-2）。

表 3-2　环境政策实施环境效益指标

内容	细化指标
环境效益（实物量）	污染物减排 节约资源能源 环境质量改善 ……
环境效益（货币化）	人体健康效益增加 清洁费用减少 农作物产量增加 建筑材料腐蚀等污染损失减少 ……

3.2.3　社会经济影响分析

社会经济影响分析，指环境政策的实施对宏观经济的影响，包括 GDP、产业结构、就业、税收、进出口等方面（表 3-3）。

表 3-3   环境政策实施社会经济影响指标

内容	细化指标
经济影响	GDP 增长 带动其他行业经济增长 产业结构优化调整 价格调整 进出口增加 ……
社会影响	税收增加 劳动力和就业增加 环境事件减少 ……

3.3   基本流程

对环境政策的费用效益评估是一种有计划、按步骤进行的活动，一般都要经过评估准备、实施评估、结论分析三个步骤（图 3-1）。

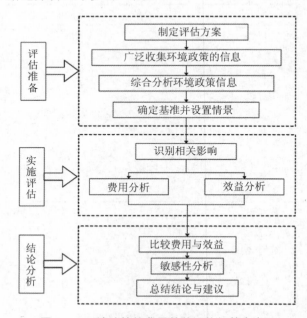

图 3-1   环境政策的费用效益评估的基本步骤

3.3.1 准备阶段

（1）制定评估方案

根据不同类别的环境政策，制定相应的评估方案。制定评估方案时，需要考虑以下五个内容：阐述评估对象；明确评估的目标、意义和要求；明确评估指标体系，选择评估的具体方法；提出评估的基本设想；根据评估目的，确定评估的内容范围；明确评估工作机制，制定评估方案。

由于环境政策涉及的空间范围和时间范围均较大，且其内容十分复杂，使针对环境政策实施的费用效益分析比较困难，突出表现在环境政策实施的费用效益分析的范围、内容难以明确，相关数据收集困难，物理效果无法准确进行货币估值等。因此，应根据不同环境政策的具体内容，分层次（从企业层面、行业层面）、分类别（对该行业的企业按规模、技术进行分类）分时段制定费用效益分析评估方案。

（2）广泛收集信息

广泛收集环境政策实施的相关信息，包括相关环境政策涉及的各种社会、经济、环境、企业等要素信息，包括 GDP、人口、污染物排放量、行业发展状况、企业详细信息、污染治理投资、运行费用、排污费的缴纳情况等。可采用的方法主要有查阅资料法、实地调查法、个案法、调研问卷等。这些方法各有特点和应用范围，最好是交叉使用，相互配合，务求所获得信息具有广泛性、系统性和准确性。

（3）综合分析相关信息

对收集到的该环境政策相关的企业、行业和宏观经济数据和资料进行系统分类整理，分析标准所涉及行业企业的基本特点和发展趋势，主要包括行业总产值、主要生产工艺、主要产品产量、主要污染物排放量、主要污染控制技术、企业（或设备）数量、员工数量、企业地理分布等，为得出准确的评估结论提供依据。

（4）确定基准并设置情景

情景方案主要包括实施该环境政策（基准情景）和不实施该环境政策（现实情景）两种。

根据综合分析的结果，以不实施该环境政策的各要素变化情况作为基准情景。对基准情景的描述应尽可能详细，并解释情景设定背后的不确定性和假设。一般可根据该环境政策实施前（标准实施起始年）的环境政策、环境质量状况、污染物控制技术水平等作为基础，假设人口和经济活动的地理分布和增长模式保持不变，同时为简化分析假设在此期间没有进一步投资对相关污染物的控制项目。

以实施该环境政策的情景为现实情景。与基准情景一样，可将该环境政策实施前（实施起始年）的环境政策、环境质量状况、污染物控制技术水平等作为基础。

3.3.2　实施阶段

（1）环境费用识别与评估

环境政策实施带来的费用，可分为增加的基建投资、运行成本和其他成本以及可作为成本抵扣项的收入增加部分。

1）基建投资：包括废物治理、收集、循环、处置及预防等的构筑物或设备的安装、改装等的支出，还包括设备装置安装启动的支出等，相当于"固定成本"。在费用效益分析中，该固定成本可随固定资产使用寿命进行折现分析。

2）运行成本：通常是污染治理设施相关的原材料、药剂、电力、维护、人工、运输、管理以及设备折旧等相关的支出及其他费用。运行成本的核算可采用问卷调查、实地调研、环统数据分析等方法。

3）其他成本：由于环境政策实施对企业造成的其他经济损失，如企业技术改造、企业搬迁、企业关停、公众购买等带来的相应成本增加。

4）增加收入（抵扣成本）：环境政策实施可能给企业带来直接的收入，这部分收入可作为成本的抵扣。

①回收利用及废物资源化。部分环境政策实施后，一些企业在运行污染物控制设施时可产生可资源化的副产物，如副产物产生的收益较大，可列入经济收入，作为成本的减项。可通过调查统计定量计算得到。

②环保形象提升带来的收益。政策实施后促使生产企业提高技术标准，采用新的技术、设备、工艺进行生产，淘汰落后的生产工艺及设备，在产品的开发设计、制造工艺的设计、原材料及生产设备的选择、废物的回收利用等方面实现节约，将有效提升生产企业的环保形象，提高产品的市场竞争力，获得更好的产品知名度和更高的市场占有率，提高企业的内在估值，可作为成本的减项。可通过对企业进行调查统计，定性分析相关效益（或效果）。

③排污费（环保税）减少带来的收益。环境政策实施后，企业在减少污染物排放的

同时，需要缴纳的排污费（环保税）也将相应减少，可作为成本的减项。减少的排污费（环保税）可根据污染物减排量与单位污染物排污费计算得到。可通过调查统计定量计算得到。

排污费（环保税）的减少=污染物减排量×单位污染物排污费（环保税）

（2）环境效益识别与评估

1）污染减排效果：环境政策实施后污染物减排量的估算是以实施政策前执行的政策或行业排放状况作为参照背景（即基准情景），通过比较基准情景与现实情景来计算污染物减排量。

污染物减排量=（基准情景浓度限值−现实情景浓度限值）×废气（废水）排放量

2）环境质量改善：环境质量改善分析方法应选择比较政策实施前后环境质量监测数据变化的方法。以排放废气为主的行业环境政策评估，可选取环境政策涉及企业分布集中的区域（如涉及行业集中的产业园区）；以排放废水为主的环境政策评估，可选取环境政策涉及企业集中排入的河段或湖泊，对环境政策实施前后的环境质量监测数据进行比较，说明环境政策实施对环境的改善作用。

若监测数据难以获取，比较监测数据的方法行不通，则可以采用环境质量模拟模型的方法进行分析。

对于大气污染物控制，环境质量改善效益可能与减排实际发生的地点无关，而与它实际影响的地点和人数有关。可选取环境政策所涉及企业分布集中的区域，采用（环境影响）扩散模型或剂量响应函数计算。如果没有这样的模型，可进行费用效果定性分析。

水污染控制措施或土壤修复措施的价值或效益通常与涉及的地区（包括受影响的人数）和水体或土地面积关系很大，可以使用水环境质量模拟模型或剂量响应函数来评估影响。如果找不到合适的计算模型，也可进行费用效果定性分析。

3）环境改善的终端效益：主要包括由于环境质量改善带来的人体健康效益，清洁费用的减少，农作物产量的增加，减少的建筑材料腐蚀等货币化，可通过暴露反应关系，通过污染损失核算法得到。

不同环境影响的货币化评估方法见表 3-4。

表 3-4　不同环境影响的货币化评估方法

危害终端		核算方法
大气污染	人体健康损失	人力资本法
		疾病成本法
	种植业	市场价值法
	材料损失	市场价值法或防护费用法
	生活清洁费用	防护费用法
水污染	人体健康损失	疾病成本法
		人力资本法
	污灌造成的农业经济损失	市场价值法或影子价格法
	工业用水额外处理成本	防护费用法
	城市生活用水额外处理成本	防护费用法
	水污染引起的家庭洁净水成本	市场价值法
	污染型缺水	影子价格法
固体废物占地		机会成本法
污染事故		市场价值法

（3）社会经济影响识别与评估

由于环境政策的实施，使环保投资增加，对环保产业及相关产业产生影响，对产业结构调整、拉动宏观经济有贡献作用。根据环境政策实施的不同情景（基准情景和现实情景），可采用成本效益模型、投入产出模型、一般均衡（CGE）模型等，对不同情景下的宏观经济效益（如 GDP、行业增加值、产业结构调整、税收、进出口等指标）进行模拟分析，考虑贴现率，对标准实施的宏观经济影响进行计算。由于模型较为复杂，标准实施对宏观经济定量影响测算可根据需要选做，但要定性分析政策实施对产业结构调整、产业技术升级、产业竞争力等的影响。

环境政策的实施还可能对社会造成影响，主要是指由于环境政策实施带来的劳动力就业数量增加、群众投诉减少等，一般通过社会调查或计算评价，进行定性分析。

3.3.3　结论阶段

（1）费用与效益比较分析

对环境费用和效益进行比较综合评价，通常采用的是净效益、效益成本比和内部收益率等指标和方法。

1）净效益（NB）：在费用效益分析中最常用的评价公式就是计算政策的净效益。净效益的计算方法是用总效益减去总费用的差额，即

$$净效益（NB）=总效益（TB）-　总费用（TC）$$

若净效益大于零，表明效益大于所失，政策是可以接受的；若净效益小于零，则该项政策不可取。

2）效益成本比（B/C）：是从净效益的计算公式推导出来的，即总效益与总费用之比。如果大于 1，说明总效益大于总费用，该政策是可以接受的；如果小于 1，则该政策实施支出的费用大于所得的效益，应该放弃。

3）内部收益率（IRR）：内部收益率是当效益和成本的现值相等或者当净现值为 0 时的投资回报率。通常可以用迭代处理法来进行计算。特别是政府部门，往往使用内部投资收益率作为安排公共投资方案的一个准则。因此，内部收益率明显地与财务上投资效益联系在一起。对于一个特定的项目，在决定是否进行投资时，只要内部收益率超过指定的贴现率，该项目就可以进行。同样，在考虑多个方案时，内部收益率最大的方案应该有最大的优先权。

（2）可接受度分析

对环境政策实施带来的成本占企业收入的比例、行业成本占整个行业增加值的比例等指标进行敏感度分析，计算出实际支出的大小，从企业层面和行业（宏观经济）层面考虑是否可接受，找出平衡点。

一般是采用经验值法或专家咨询法，来确定企业或行业增加的成本可接受度的基线，即环境政策实施后，企业或行业可接受的新增成本占总成本的比例。

（3）不确定性分析

在环境政策的费用效益分析中，不确定性通常包括模型不确定性和数据不确定性。模型不确定性是由对真实物理过程进行必要的简化，模型构建过程中所提到的假设、

边界条件以及目前技术水平难以在计算中反映的种种因素，导致理论值与真实值的差异，都归结为模型的不确定性。数据不确定性包括测量误差、模型参数不确定性以及用于模型校正的观测数据的不确定性。在环境模型的不确定性分析中，常用的是敏感性分析。

（4）综合分析与建议

根据环境政策实施的各项费用和效益（效果）等相关方面的分析（从成本与效益、从社会经济影响等多角度），得出费用大小、效益大小、环境政策实施在社会经济方面可行性的评估结论，并据此提出改进现有环境政策或制定新的环境政策的建议。

第 *4* 章
环境政策的费用效益分析的技术方法

4.1 基本方法

4.1.1 基本原理

费用效益分析是以新古典经济理论为基础，以寻求最大社会经济福利为目的的经济理论。其目标是改善资源分配的经济效果，追求最大的社会经济效益。环境费用效益分析，是费用效益分析理论与环境科学结合的产物，是全面评价某项活动综合效益的一种方法。其基本思路是，在分析某项活动的经济效益、环境效益的基础上，通过一定的技术手段，将环境效益转换成经济效益（环境效益的货币化），然后将环境效益和经济效益相加，得到综合效益。如果该项活动有利于改善环境质量，则环境效益为正值；反之，则为负值。因此，综合经济效益也将有正负之分，正值则表明该活动是可行的。

费用效益分析的一个基本假定是：可按照人们对消费商品或劳务准备支付的价格来计量消费者的满意程度（效用）或经济福利的水平。当把这一方法应用于环境价值评价中时，应注意人们对环境商品或劳务的消费实际上并未支付与其价值等值的货币，这决定了环境质量的费用效益分析方法具有其独特性。

费用效益分析强调个人福利及个人和社会福利的改进，是环境经济分析的一个重要组成部分，其基本原理主要包括：帕累托效率和边际效用，社会净效益与污染"经济最优"水平。

4.1.1.1 帕累托效率和边际效用

帕累托效率认为，一个人得到好处而不造成其他人损失时的资源分配，在经济上是最有效率的。根据这个效率准则，社会净福利和净效益最大时，也就是总效益和总费用之差最大时，社会的资源利用率最高。而事实上，在任何一种变革中，部分人受益难免使其他人受损，因而又提出了希克斯-卡尔多补偿原则，其内容：如果在补偿受损失者之后，受益者仍比过去好，对社会就是有益。补偿既可以是实际补偿，也可以是虚拟补偿。因此实际的费用效益分析中所遇到的和实行的几乎都是潜在的。帕累托效率改进准则，即希克斯-卡尔多补偿原则。

边际效用是指消费新增一单位商品时所带来的新增的效果。个人总效用和边际效用函数的信息资料必须从表现出的"偏爱"中获取，即从个人为消费或获取特定的物品和劳务的支付愿望中获取可靠的信息资料，这样再求出个人需求曲线及社会需求曲线。关于边际效用递减的规律，同样适用于环境物品和劳务的消费。因此，环境质量的需求曲线在一定条件下也是一条从左到右向下倾斜的曲线，如图4-1所示。

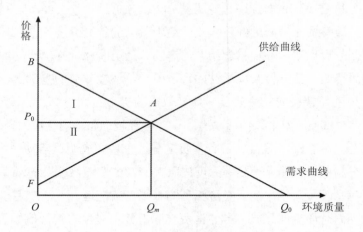

图 4-1　社会效益与最佳环境质量供给

4.1.1.2 社会净效益与污染"经济最优"水平

根据科斯定理和经济学公式中的公共物品供求规律，可以把"消除污染"和"供给环境质量"都看作一种可供消费的物品。这样可得到该物品的需求曲线和供给曲线，如图 4-1 所示。图中面积 Ⅰ 为消费者剩余，面积 Ⅱ 为生产者剩余。假设该物品能和一般物品一样在市场上出售，那么达到均衡状态（Q_m，P_0）时社会获得的净效益面积 Ⅰ 和面积 Ⅱ 之和，即消费者剩余与生产者剩余之和。图 4-1 的另一个假设前提是环境质量是一种稀缺资源。如果环境质量不存在稀缺性，即不存在供给曲线，那么在消费环境物品数量 Q_m 时，社会净效益则为消费者剩余 BOQ_mA 的面积。如果免费供应环境质量，则社会的需求将增加到 Q_0，相应的消费者剩余也随之增加到面积 BOQ_0。

　　如果把图 4-1 中的环境质量物品替换成实际市场中的商品和物品，那么环境质量变化大小即可从两个方面来衡量：一是引起消费需求曲线的上升；二是促使供给成本下降或供给曲线下移。这样，与环境质量有关的物品市场均衡数量将会增加（均衡价格却不一定上升），从而产生更大的消费者剩余和生产者剩余，这种条件下社会的净效益将是增加的生产者剩余与消费者剩余之和减去改善环境质量的成本之差。

　　由于环境质量供给在很大程度上是与污染削减量等同的，即对特定区域和时限来说，削减给定的污染量就意味着提供未削减或留下的污染量水平，即环境质量物品数量水平。通过对图 4-1 中横纵坐标的变换，即横坐标变换成污染物去除量，纵坐标变换成费用和效益，就可以得到图 4-2。

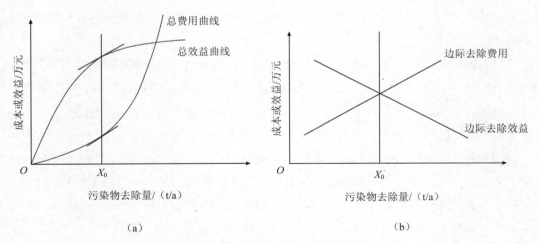

图 4-2　污染物去除量与成本/效益关系

图 4-2（a）表示不同的污染物去除量，总费用和总效益曲线随污染物去除量的增加而不同程度地增加。图 4-2（b）表示污染物去除边际费用和边际去除效率曲线，边际费用曲线呈上升趋势，边际效益曲线呈下降趋势。在某一污染物去除量为 X 时，其净效益为该点对应的总效益与总费用的差。当污染防治净效益最大时，所对应的污染物去除量 X_0 即为最优去除水平。这时边际去除费用与边际去除效率曲线的交点至横坐标的垂线也在 X_0 点处。因此，当边际费用与边际效益相等时，污染物去除水平最优，社会净效益最大。另外，图中 X_0 并没有考虑人体健康的最低暴露水平，从另一个角度来讲，X_0 仅仅是"经济最优"的削减或排放水平。如果在费用效益分析中涉及最低暴露水平，其分析都将做一定程度的调整。

由图 4-2 可以看出，污染物去除最优水平，并不是去除量越大越好，而是以社会净效益最大为准则来决定对污染物的控制水平，做到技术上可行，经济上合理。行业污染物排放标准应以此为基础来制定，并结合国家与行业、企业的实际情况，进行适度修正。

4.1.2 方法特点

费用效益分析方法所依据的原理是：对社会资源来说，当社会总收益和总费用之差最大时，社会净福利和净效益最大，此时社会的资源利用效率也最大。环保标准评估不同于一般工程项目评估，其具有公益性，环保标准实施的费用效益分析有其自身的特点。

（1）整体性。对环保标准要从国民经济整体角度考察效益和费用。凡标准实施项目为社会所做的贡献，如环境污染的治理、能源的节约、环境质量的改善等，均计为效益。凡是占用社会资源均计为费用，无论费用和效益都需要考虑由于实施该标准所引起的整个社会影响。费用效益分析会得出和单纯的盈利分析完全不同的结论。

（2）两重性。环保标准具有公益性与企业性双重性，有些标准的实施会使部分企业经济效益变差，甚至没有经济效益，但社会效益与环境效益很好，这样的标准往往也应该采用。由于两重性的存在，环保标准实施的费用、效益识别还要研究那些不具有市场价格的效益和费用，对那些被市场价格歪曲了的效益和费用进行还原。

（3）持续性。环保标准实施的投资往往是一个持续不断的过程。一般周期要经过长期、持续、有效的实施，才会真正发挥作用。因此，对环保标准实施效果做分析评价时，不能简单地以投资回收期的长短作为评价标准。

4.1.3　评估方法

本节对环境费用效益分析中所涉及的各种评估方法进行分析和论述，主要包括市场价值法、防护费用法、影子工程法、机会成本法、恢复费用法、调查评价法、影响路径法、环境 CGE 模型方法等。

4.1.3.1　市场价值法

市场价值法是根据环境质量变化引起的产值和利润的变化来评估环境质量变化的经济效益或经济损失，重点阐明人类经济活动产生的污染物对自然系统或人工系统影响的经济评价。对自然系统（如渔业、林业等）或人工系统（如建筑物、水库等）的影响，反映在系统的生产力变化之中，或者反映在这个系统产生参与市场交换的产品中，因为生产一个单位使用价值就等于创造出相当于这个社会必要劳动量的价值。如果环境资源遭到破坏或受到污染，丧失或降低了使用价值，那么其价值也就随之丧失或者相应减少，其结果必然会导致该系统生产力的变化，或者导致其产品生产成本、产量、价格的涨落。由于这些变化的价值均可以用市场价格来表示，所以这种变化可以作为代替环境质量变化的效益或损失的量度。该方法将环境质量看成一种生产要素，作为对任何一种经济活动的一项投入，如同其他投入一样，可用现行市场价格进行计算。把环境因子看成环境要素，根据环保标准实施引起的环境因子质量变化导致的产量和利润的变化，应用市场价格来估算经济效益或损失。

4.1.3.2　防护费用法

防护费用法是根据人们为了防止或减少环境的有害影响所支付或承担费用的多少，来推断人们对环境价值的估价的一种评价方法。所谓防护费用，是指人们为了消除或减少生态环境恶化的影响而愿意承担的费用。在无法对环境效益进行货币评价时，防止环境变坏的费用可以提供人们对环境质量的最低估计。

由于人们在面临环境变化时会自然地采取各种途径来保护自己免受环境质量变化的影响，因此也就形成了不同形式的防护费用，包括采取防护措施的费用。例如，人们由于不喜欢受污染或不可靠的公用自来水，改用瓶装水；由于所在区域的水体受到污染，可能会考虑迁出污染区，从而引起迁移费用，等等。这些费用数据的获取对于最终评估是至关重要的步骤，通常可以通过直接观察获得防护的实际费用，也可对受害人进行调查获得，或者征求专家意见，要求专家对人们为避免环境损害所需的成本做出客观的专业估计。

防护费用法由于其原理简单、非常直观，目前被广泛地应用于揭示人们对空气和水污染、噪声、土地退化、土壤侵蚀等的防护支付意愿。但它的应用也有着明显的约束条件，即要求人们能够了解来自环境的威胁，能够采取措施实施防护以及防护费用能够结算。

4.1.3.3　影子工程法

影子工程法是恢复费用法的一种特殊形式。它是在环境被破坏后，人工建造一个新的工程替代原有环境功能，并用建造新工程的费用来估计环境破坏所造成的经济损失的方法。例如，地下水源被污染了，可以用新辟水源地的费用作为地下水污染的经济损失；一个旅游海湾被污染了，则可以设想建造一个海湾公园来代替它，新工程的投资费用就是其污染损失。需要注意的是，这种补充性工程或者说"影子工程"只是一种概念，而不一定是实实在在的工程，其目的是对其成本有一个估算值。将影子工程的成本包含在内，可以从一定程度上指出新项目的收益必须有多大才能超过它所引起的损失。

在影子工程法的分析类型中隐含的假设有：
①受到威胁的资源是珍稀的、高价值的资源；
②人工建立的替代品将提供与自然环境所提供的数量与质量相同的产品与服务；
③产品与服务的初始水平是符合人们需求并应予以维护的；
④影子工程的成本并没有超过所失去的自然环境的生产性服务的价值。

一般而言，影子工程分析一般用于给出复制一个受威胁的环境产品或服务的成本的数量级，往往由于意识到置换环境资源（如湖泊、河流、海滨、热带雨林）的巨大成本，或者根本不可能予以置换，从而使人们更为关注从一开始就要预防这种损失。

4.1.3.4　机会成本法

在经济学中，成本是由资源稀缺性引发的一个重要概念，在某种资源稀缺的条件下，该资源一旦用于某种商品的生产就可能不足以满足另一种商品生产的需要，也就是说资源选择了一种使用方案就必须放弃另一种使用方案或其他的使用机会。因而也就丧失了通过其他使用带来效益的机会，如果把这种机会的损失视为选择一种方案带来的成本，就是机会成本。机会成本法是一种计算环境资源被占用或者被占用时所带来的经济损失的方法。由于机会成本法是一种很有用的评价技术，所以它在环境效益费用分析中被广泛采用。其应用于费用效益分析法的基本思想是，对于一种资源，存在多种互相排斥的开采利用的备选方案，为做出最好的经济选择，必须找出一种净效益最高的方案。资源是有限的，选择了这种使用机会，就放弃了其他使用机会；在其他使用方案中获得的最大经济效益，就称为资源的机会成本。

4.1.3.5　恢复费用法

生态环境的恶化会给人们的生产、生活和健康造成损害，为了消除这种损害，其最直接的方法就是采取措施将恶化了的生态环境恢复到原来的状况。恢复费用法就是以环境破坏后将其恢复所需的费用作为对环境质量的最低估价的方法。和防护费用法一样，这种方法评价的也只是环境的最低价值。以水污染为例，水体污染后，使水体恢复到原来的生态水平的治理费用就是水体污染带来的最低经济损失，因为这种恢复无法挽回污染已经造成的其他损失，例如，某些水生物种可能已经因水体污染而退化或消失了。

恢复费用法中隐含了一个重要的假设，即假设环境在受损之后有可能得到完全恢复或不存在不可补偿的损失。但在现实中，是不可能百分之百恢复一个环境产品的，而且由于人类认识的限制，人们对许多环境影响还没有充分认识，所以使用这种方法有可能造成对环境成本的低估。

4.1.3.6　调查评价法

在缺乏市场价格数据时，为了求得环境资源效益或需求信息，可以通过向专家或环境资源的使用者进行调查，以获得环境资源价值或环保措施的效益。调查评价法是根据个人需求曲线理论和两种消费者剩余的量度，通过估价消费者对商品或劳务的支付意愿，或者对商品或劳务损失预计接受的赔偿意愿来度量效益。根据具体评估技术不同，调查评价法又包括许多具体的评价方法，常用的有投标博弈法、比较博弈法、优先评价法、函数调查法和无费用选择法等。

4.1.3.7　影响路径法

影响路径法（也指损害函数法）是一种自下而上、用来量化空气污染的边际外部成本的方法。这种方法被广泛使用，但在欧洲及美国关于空气污染的成本效益分析方面，具体的应用领域各不相同，输入参数也不同。主要步骤为：①在地图上标出相关排放源；②预测相关地域内的污染物排放浓度水平（通常利用空气污染扩散模型）；③将浓度与人口密度叠加，预测暴露人口；④根据流行病学研究得出的剂量-反应或暴露-反应函数，预测特定暴露水平造成的健康损害风险；⑤用货币表示健康风险（如患病率增加）。

4.1.3.8　环境 CGE 模型方法

可计算的一般均衡（Computable General Equilibrium，CGE）模型是根据宏观经济学原理设计的用于描述区域经济的数量经济模型，能够综合分析环境的经济效应，以及经济发展对生态环境的影响，定量揭示环境和经济系统的内在联系。模型是利用环境与经济统计数据对环境-经济系统的协调发展关系进行分析的，在建模前需要结合矩阵平衡模型构建以基本调查数据、统计年鉴数据和 IO 表数据等为核心的环境投入产出表以及环境社会核算矩阵；同时，模型的环境-经济系统均衡过程需要借助数学最优化求解来实现，而环境保育与区域经济发展之间的均衡状态关系，则能够通过经济和环境系统的关键方程，如生产函数、贸易函数以及效用函数等分析得到。目前，环境 CGE 模型主要用于能源政策及气候变化、污染调控和环境保护控制下的贸易自由化等政策分析领域，以及土地利用变化与效应分析等领域。其中采用 CGE 模型模拟分析污染调控政策对经济系统的影响是环境 CEG 模型的一个重要应用方向，如模拟环境标准和规范实施的社会成本及环境经济效益。

环境政策实施的费用效益分析方法主要包括市场价值法、防护费用法、影子工程法、机会成本法、恢复费用法、调查评价法、影响路径法等（表 4-1）。

表 4-1　费用效益分析基本方法

方法	方法要点	运用条件
市场价值法	根据环境质量变化引起的产值和利润的变化来评估环境质量变化的经济效益或经济损失	进行人类经济活动产生的污染物对自然系统或人工系统影响的经济评价
防护费用法	根据人们为了防止或减少环境有害影响所支付或承担的费用多少，来推断人们对环境价值的估价	广泛应用于揭示人们对空气和水污染等的防护支付意愿
影子工程法	在环境破坏后，人工建造一个新工程替代原有环境功能，并用新工程建造费用来估计环境破坏所造成的经济损失	此法是恢复费用法的一种特殊形式
机会成本法	利用机会成本概念计算环境资源被占用时所带来的经济损失	在环境效益费用分析中广泛采用，是效益费用分析法的重要组成部分
恢复费用法	将被破坏后的环境恢复到原来的状况，要花费相当的恢复费用，就以该恢复费用作为对环境质量的最低估价	在确信环境在受损之后有可能得到完全恢复或不存在不可补偿的损失时，才能采用
调查评价法	通过估价消费者对商品或劳务的支付意愿，或者对商品或劳务损失预计接受的赔偿意愿来度量效益	缺乏市场价格数据时，可采用此法
影响路径法	通过建立空气质量模型模拟污染物排放浓度的变化，并基于流行病学综合研究成果对其健康效益进行评估	主要用于量化分析空气污染的减少所带来的健康效益
CGE 模型方法	通过将环境政策和措施中涉及对产品价格、产量、需求等方面的变化作为变量，模拟该变量变化的情况下如何传导到经济系统乃至环境系统的路径和影响	主要用于量化评估环境政策实施对某个区域范围内经济系统的影响

4.1.4　评价标准

进行经济性评价时，依照是否考虑资金的时间因素，把分析方法分为静态分析法和动态分析法两类。静态分析法不考虑资金的时间价值，资金的时间价值表现为其随时间的增值能力，也就是利率。静态分析法简单易行，常用于时间因素对投资费用和效益影响较小的项目。动态分析法考虑资金的时间价值，进行技术经济分析时，对实施全过程中投资、收益的有关款项都应考虑时间价值。也就是按资金的时间价值规律，把资金和效益折算到同一基准年，然后再评价其经济性。在理论上，基准年可以任意选定。为方便计算，通常取投资项目的完工投运年或使用寿命的末年作为基准年。

费用效益分析所得的结果常采用投资回收期、年费用、内部回收率、总费用现值、净效益现值和效益费用比等标准来进行比较和判别。本研究选择采用动态评价中的净效益和效益费用比来判别标准实施效果的分析结果。

4.1.4.1   净现值标准

净现值法，指项目等在其计算期内发生的全部收入与支出的差值，按一个预定的利率逐年分别折现为项目投运年的现值（称净现值 NPV）。

一项环保标准的实施需要费用，实施后带来效益，效益与费用的差值称为净效益，净现值就是用净效益的现值来评价该项环保标准，净效益现值越大标准实施效果越好。

$$NPV = PVB - PVC \qquad (4-1)$$

式中，NPV 为净效益现值；PVB 为效益现值；PVC 为成本现值。

4.1.4.2   效益费用比

效益费用比要求求得方案的效益现值与费用现值之比，通过其比值 σ 的大小判断方案的优劣，σ 值越大表示在同样费用投入下得到的效益越大；换言之，σ 值越大表示同样的效果需要的投入越少。计算公式如下：

$$\sigma = PVB/PVC \qquad (4-2)$$

净现值法描述的是方案可以获得的净效益现值的大小，而效益费用比法描述的是效益现值为费用现值的倍数。两种判别方法存在着关联，当 NPV＞0 时，σ＞1，表示项目效益大于费用；NPV=0 时，σ=1，表示费用效益相等；NPV＜0 时，σ＜1，表示效益小于费用。

4.1.4.3   考虑费用效益对比的时间效应

对政策和项目的整个运行周期进行费用效益分析，或对不同评价阶段进行比较时，必须考虑时间因素，需要运用社会贴现率把不同时期的费用或效益化为同一基准年的现值，使整个时期的费用或效益具有可比性。

对于未来第 t 年获得的费用和效益的现值由以下公式确定：

$$PVC_t = \frac{C_t}{(1+r)^t} \qquad (4-3)$$

$$\mathrm{PVB}_t = \frac{B_t}{\left(1+r\right)^t} \tag{4-4}$$

式中，PVC_t 为第 t 年费用的现值；PVB_t 为第 t 年效益的现值；C_t 为第 t 年的费用；B_t 为第 t 年的收益；r 为贴现率，%；t 为时间，通常以年为单位。

设定政策开始实施或项目投运年的年初为基准，如果从现在开始到未来的第 n 年中会发生一系列的费用和效益，则这些发生在不同年份的总费用和总效益的贴现公式分别为：

$$\mathrm{PVC} = \sum_{t=1}^{n} \mathrm{PVC}_t = \sum_{t=1}^{n} \frac{C_t}{\left(1+r\right)^t} \tag{4-5}$$

$$\mathrm{PVB} = \sum_{t=1}^{n} \mathrm{PVB}_t = \sum_{t=1}^{n} \frac{B_t}{\left(1+r\right)^t} \tag{4-6}$$

4.2　成本分析的 C-PAC 模型

C-PAC 模型为美国环保局提供的成本分析模型，主要用于估算某个行业为遵守环境政策而产生的成本。为估算环境政策给整个行业带来的控制成本，模型中的投入反映了行业多样化的分散数据。然后可以将这些分散的成本估算整合为行业水平的数据。

C-PAC 成本分析模型的成本分析以年度总成本体现。年度总成本（Total Annual Cost，TAC）包括直接成本（Direct Costs，DC）、间接成本（Indirect Costs，IC）和回收抵免（Recovery Credits，RC）。

$$\mathrm{TAC = DC + IC - RC} \tag{4-7}$$

其中，直接成本主要是指生产性的输出，包括可变成本和半可变成本。可变成本主要是指原料投入、能源消耗、资源投入、新设备投入以及处理废弃物的成本。半可变成本包括劳动力成本、与设备运行维护有关的投入成本等；间接成本主要是指直接成本中不包含的成本，主要包括管理成本、财产税、保险、行政变更费用、资本回收成本等。回收抵免主要是指通过系统控制、清洁生产等回收利用的原料或能源，这些原料或者能源可以被卖掉、循环利用或者在其他地方被重新利用，直接成本和间接成本可以被回收抵免抵消（图 4-3）。

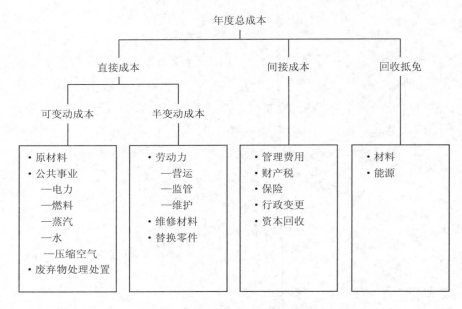

图 4-3　年度总成本分类

C-PAC 模型通常包含大量的行业详情，并提供相对精确的环境政策直接成本的估算，执行模型所需的资源少，使用相对直接，便于理解。但 C-PAC 模型只有预期环境政策不会对生产者和消费者的行为产生重大影响的情况下，才能视为对成本的合理估算，如果生产者和消费者行为受到了重大影响，这个模型就无法提供政策法规导致的行业价格和产出变化的估算。

4.3　环境效益的 CMAQ 模型

国家政策的环境效益分析一般指政策的实施带来的环境质量改善效益分析。大气方面一般指 SO_2、NO_2、颗粒物等大气污染物浓度变化程度，目前普遍采用美国环保局提供的第三代空气质量模型系统 Models-3/CMAQ 进行环境效益模拟分析。Models-3/CMAQ 是一个综合的空气质量模型系统，其将整个大气作为研究对象，在各个空间尺度上详尽模拟所有大气物理和化学过程。模型系统通过输入的地形、气象和污染物数据，模拟污染物在大气中的迁移、扩散、转化过程，给出浓度的时空分布。

Models-3/CMAQ 由排放源模式、中尺度气象模型和通用多尺度空气质量模型（CMAQ）三部分组成。排放源模式的主要作用是将初始污染物进行化学物质种类和质量比例分配，以满足空气质量模型对于排放清单在时空分辨率和化学物种方面的高精度要求；中尺度气象模型模拟研究范围内及周围气象场变化情况；CMAQ 是系统的核心，模拟污染物在大气中的扩散和输送过程、气相化学过程、气溶胶化学和动力学过程、液相化学过程以及云化学和动力学过程（图 4-4）。

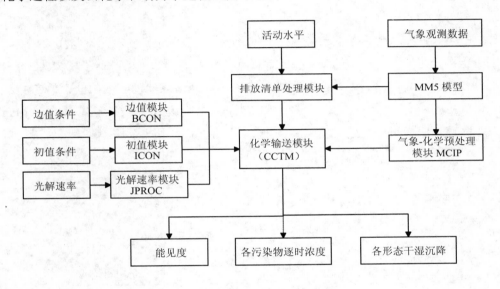

图 4-4　CMAQ 模型的基本结构

环境政策的大气环境效益，一般通过设定不同环境政策的大气排放削减情景，模拟不同情境下的空气质量效果，从而达到环境政策方案筛选和优化。对于已经实施的环境政策，也可以通过计算环境政策实施后的大气排放削减情况，对比分析政策实施与否的环境质量改善效益。

4.4　健康效益的 BenMAP 模型

BenMAP（Environmental Benefits Mapping and Analysis Program）是由 EPA 开发的健康效益评价模型，主要用来评估周围空气污染变化引起的人类健康效应及其经济价值。

比较适合对空气质量管制政策实施个性化健康效应评估（Health Impact Assessment，HIA）和效益成本分析，即评估空气质量的管制政策实施所带来的效益，由此判断此政策实施的成果是否符合预期。该模型通过综合利用空间网格化的人口与空气质量信息来评估空气污染物浓度的改变对急性疾病和死亡率变化的影响，并进一步利用价值衡量函数，估计污染物浓度变化所带来的健康经济效益。

BenMap 集 HIA 计算器和地理信息系统（GIS）于一体，可提供一种或多种空气污染物浓度变化对特定区域内居民的健康影响（如死亡人数的变化），并根据所选影响的指标，提供不同空气质量场景模拟变化的地理分布。BenMap 包括用户将用来进行健康影响分析的几乎所有信息，可以有弹性地根据使用者的目的，探讨不同区域、性别和年龄群的健康影响及经济价值，也可根据需要将不同网格或地理区域的健康效应/效益合并，得到更大网格、区域（如市、省、国家）的总体健康效应/效益。此外，BenMap 还可以生成信息跟踪报告（Audit Trail Report），以方便评估结果的重现（图 4-5、图 4-6）。

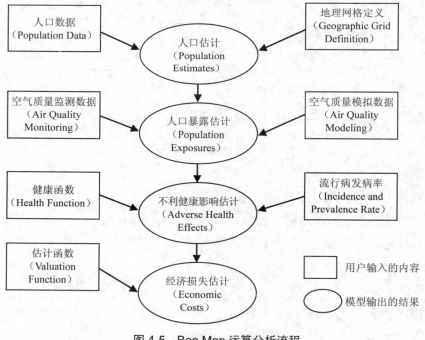

图 4-5　Ben Map 运算分析流程

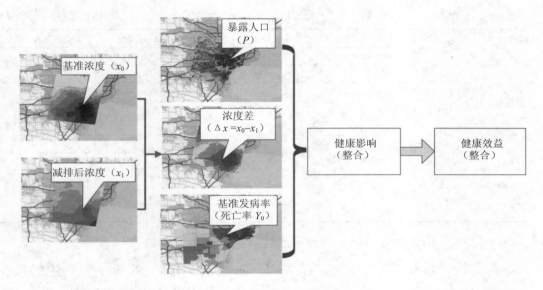

图 4-6 评估原理示意图

4.5 社会经济影响的 Input-out 模型与 CGE 模型

4.5.1 投入产出模型及其在环境政策经济影响评估中的应用

（1）投入产出模型简介

投入产出模型（Input-Output model）是指采用数学方法来表示投入产出表中各部门之间的复杂关系，从而用以进行经济分析、政策模拟、计划论证和经济预测等，投入产出分析通过编制投入产出表来实现。投入产出表是指反映各种产品生产投入来源和去向的一种棋盘式表格，由投入表与产出表交叉而成。前者反映各种产品的价值，包括物质消耗、劳动报酬和剩余产品；后者反映各种产品的分配使用情况，包括投资、消费、出口等。投入产出表可以用来揭示国民经济中各部门之间经济技术的相互依存、相互制约的数量关系。表 4-2 是一个简化的价值型投入产出表。

表 4-2　一般价值型投入产出表简化框架

投入		产出						进口	总产出
		中间产品			最终产品				
		部门 1	……	部门 n	最终消费	资本形成	出口		
中间投入	部门 1	x_{ij} I 象限			Y_i II 象限				X_i
	……								
	部门 n								
最初投入	劳动者报酬	N_{ij} III 象限							
	生产税净额								
	固定资产折旧								
	营业盈余								
总投入		X_j							

（2）使用投入产出模型开展环境政策的经济影响评价

使用投入产出模型开展环境政策的经济影响分析，需要首先将环境政策量化为投入产出模型的输入变量，一般需要转变为对最终消耗品的影响，例如，增加了汽车的生产、增加了环保治理设备的生产、减少了某些落后产品的生产等，进而根据投入产出模型基于投入产出表和外部相关系数，获得对总产出、增加值、就业、税收以及产业结构等方面的影响（图 4-7）。

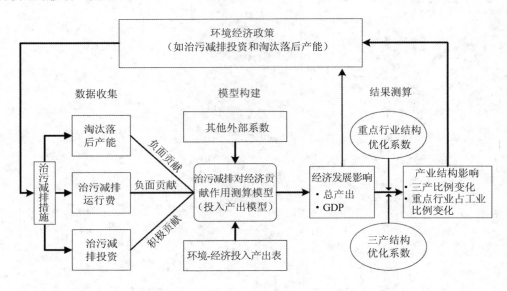

图 4-7　投入产出模型模拟环境经济政策经济影响的技术路线

可以将投入产出表按行建立投入产出行模型，其可以反映各部门产品的生产与分配使用情况，描述最终产品与总产品之间的价值平衡关系。其方程表达式如下：

$$\sum_{j=1}^{n} a_{ij} \cdot x_j + y_i = x_i; (i = 1, 2, \cdots, n) \tag{4-8}$$

其可以进一步写成矩阵式

$$(I - A)X = Y \tag{4-9}$$

$$X = (I - A)^{-1}Y \tag{4-10}$$

式（4-10）中，A 代表直接消耗系数矩阵；X 代表总产值；Y 代表最终产品。投入产出行模型反映了最终产品拉动总产出的经济机制。

我们设定 ΔY 为由于环境政策导致的最终产品变动量（如淘汰黄标车导致新车购买增加、加大环保投入、增加环保产品需求等）资金量[*]的列向量，那么根据式（4-10），就有

$$\Delta X = (I - A)^{-1} \Delta Y \tag{4-11}$$

式中，ΔX 表示由于环境政策对最终产品需求，通过产业链上下游传导，导致整个宏观经济总产出的增加量。

同时，增加值（N）、劳动报酬（V）和就业（L）的影响也可以通过以下公式测算。

$$\Delta N = \hat{N} \Delta X = \hat{N}(I - A)^{-1} \Delta Y \tag{4-12}$$

$$\Delta V = \hat{V} \Delta X = \hat{V}(I - A)^{-1} \Delta Y \tag{4-13}$$

$$\Delta L = \hat{L} \Delta X = \hat{L}(I - A)^{-1} \Delta Y \tag{4-14}$$

4.5.2　可计算一般均衡模型及其在环境政策评估中的应用

（1）可计算一般均衡模型

可计算一般均衡（Computable General Equilibrium，CGE）模型是一种最新发展起来的经济模型，是一个基于新古典微观理论且内在一致的宏观经济模型。CGE 模型中一般包括企业、居民、政府和国外其他地区等经济主体，以及商品市场和要素（如资本、劳动力、土地、水等）市场，图 4-8 描述了 CGE 模型中不同市场、不同经济主体的相

---

[*] ΔY 是一个 43 个行业的列向量，其中购买新车所需的资金作为"汽车整车制造业"的值，其他行业值为 0。

互作用和反馈关系。图中的各种经济主体和市场都把价格视为参数，并通过价格相互作用，既体现了经济主体之间的联系，又包含市场机制的描述。另外，还可以把不完全竞争因素引入 CGE 模型，即所谓的结构主义 CGE 模型，从而更适合于市场经济发育不完善的发展中国家。目前，国际上有不少现成的 CGE 模型供研究者应用，如国际食物政策研究所（IFPRI）开发的应用方便、灵活的单国静态标准 CGE 模型，澳大利亚的 ORANI 模型，GTAP 模型等。国内对 CGE 模型的研究主要以中国社科院数量经济研究所、中科院大学、中科院战略研究院以及国务院发展研究中心等团队，且大多基于国际通用模型，实现本地化。

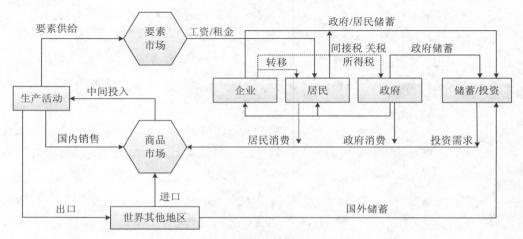

图 4-8　CGE 模型内在经济学逻辑

　　CGE 模型在评估资源分配和福利的结果方面十分有效。这些结果包括资源在部门之间的分配（如按照部门分的就业）、按照部门分类的产出分配、按照生产要素分配的收入，以及社会福利在不同消费群体、地区和国家之间的分配。例如，电力部门监管法规可能会导致电价上升，价格增长会影响所有使用电力用于生产的产业（即多数产业）和家庭。可以使用 CGE 模型评估生产和消费变化的分布。从某种程度上来讲，每一个 CGE 模型都具有描述和评价上述类型分配影响的基本能力。更详细的影响（如对某个特定企业的影响）或者特定类型的影响（如对饮用水的影响）则需要更复杂和/或特定的模型和信息来支持。最简单的 CGE 模型通常包括均处于一个单一个国家静止的框架内的单一但有代表性的消费者、少数生产部门以及一个政府部门。这个模型可以通过多种方式增加复杂性。消费者可以根据其收入、职业或者其他社会经济标准划分为不同的群体。生产商可以分解成几十个甚至上百个部门，每个部门都生产一种特定商品。政府部门除了要执行各种税收法律以及其他政策工具，还有可能提供公共产品或者财政赤字。CGE 模型在范围上可能是国际化的，包含多个与商品和资本的国际流动有关的国家或者地区。以经济决策为特征的行为方程式可能采用简单的函数形式，也可能采用复杂的函数形式。从长远来看，模型可以动态地解决包括对消费者或者公司而言的跨期政策决策。这些选择对处理存款、投资和长期消费资料以及资本积累等都有影响。

　　虽然长期来看，CGE 模型是为了解决资源分配问题，但是其在上述类型的分配分析方面也有局限性。CGE 模型假定的每个时期的市场都是清晰的，并且通常不考虑短期的调整成本，如失业。分析人员应当小心选择模型，不对分布影响所解决的潜在问题进行假设。此外，如果受到数据和资源的限制，或者预测重大的市场活动范围局限于小型的经济部门，CGE 模型可能并不可行或者并不实用。最后值得一提的是，虽然 CGE 模型建模比较复杂，但是在有可用数据的情况下并且如果分布式影响有可能广泛传播的话，还是值得做的。考虑一般 CGE 模型中的大量参数，必须注意确保模型数据和规格的精确性，应当对关键参数进行敏感性分析。目前，推荐使用两种不同模型分析相同的政策情景，从而规避单一模型带来的不确定性。

　　（2）使用 CGE 模型开展环境政策的经济影响评价

　　首先，使用 CGE 模型评估经济影响需要首先将环境政策对社会经济的直接影响转变为可量化的"冲击"，例如，通过引入诸如污染排放税的法规，又如，加快淘汰黄标车的具体措施。其次，需要建立符合该冲击的 CGE 数据模型和数据包。数据模型大多基于现成的、经典的模型进行改造，如加入不同的部分，或环境子模型；数据包是根据研究区域按照模型需求建立数据包，如中国数据包、京津冀多区域数据包等。最后，将"冲击"量化为模型可用的变量数据（如价格变化率、税费变化、劳动力结构变化等），代入模型实现对"冲击"的经济模型。

　　受影响的市场价格可能会上下波动直到建立起新的平衡，这个新的平衡下的价格和数量可以与原来的平衡下的价格和数量相比。其中，静止的 CGE 模型能够描述政策冲击后的经济部门资源的再分配导致的经济福利的变化；使用动态的 CGE 模型进行政策模型时，会产生新的价格和数量的时间路径。然后可以假设没有发生这种政策冲击时再次运行这个模型所得出的价格和数量的"基准"路径，并将这两个路径对比。由于有些政策可能在很长时间内都产生影响，动态模型除了可以捕获静态影响外，还可以捕获不同时间的资源再分配导致的福利变化，例如，存款的变化可能对资本积累产生的影响。利用前瞻模型也可预测出未来政策对当前决定的影响（图4-9）。

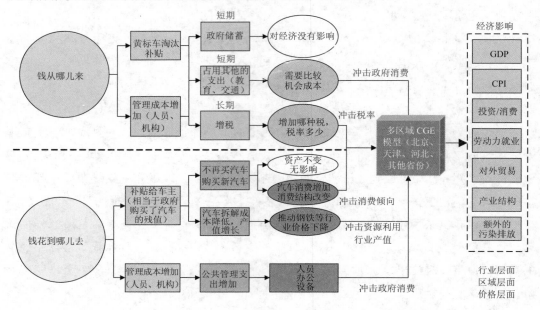

图 4-9　使用 CGE 模型分析黄标车淘汰政策的经济影响技术路线图

第 **5** 章
案例研究——火电厂大气污染物排放标准实施的费用效益分析

5.1　评估准备

5.1.1　收集分析与环境保护标准相关的信息

我国最新修订的《火电厂大气污染物排放标准》（GB 13223—2011）（以下简称"新标准"）已于 2012 年 1 月 1 日起实施，新标准大幅度提高了 SO_2、NO_x 和烟尘的排放限值，还增设了对汞及其化合物排放的控制指标。每一个控制指标均有对应的成熟、可靠的控制技术，并规定脱硫、除尘统筹考虑，使火电厂的大气污染物排放控制形成一个有机的整体。

实施新标准在大幅削减污染物排放的同时，还将带动相关的环保技术和产业市场的发展，形成脱硝、脱硫和除尘等环保治理和设备制造行业数千亿元的市场规模。发电企业增加的达标成本也将通过一定优惠政策给予一定的补偿。下面将结合新标准制定过程中的相关资料，对新标准实施的主要污染物减排量、投资与运行成本进行综合分析。

5.1.2　确定基准并设置情景

煤炭燃烧是我国 SO_2、烟尘和 NO_x 排放的主要来源之一，在未来相当长的时期内，以煤炭为主要能源的格局不会改变，煤炭消耗量将持续增长，2010 年我国煤炭消费量为

35 亿 t，2015 年为 40 亿 t，考虑到近年来我国加快发展新能源，减少煤炭在能源结构中的比例，预计未来煤炭消费呈现下降趋势。到 2020 年预计煤炭消费量约为 35 亿 t。我国煤炭消费量预测结果见表 5-1。

表 5-1　我国煤炭消费量预测　　　　　单位：亿 t

年份	2010	2015	2020
煤炭总消费量	34.9	39.7	35.0
火电煤炭消费量	15.1	16.5	19.5
火电耗煤占煤炭消费量比例	43.3%	41.6%	50.0%

近年来，全国电力工业继续保持较快增长势头，电力需求不断增加，2010 年、2015 年我国火电装机容量分别为 7.10 亿 kW、10.06 亿 kW。预计到 2020 年火电装机容量将增加到 12.1 亿 kW，预测结果见表 5-2。

表 5-2　全国火电机组装机容量预测　　　　　单位：万 kW

年　份	2010	2015	2020
火电装机容量	70 967	100 554	121 000

5.2　实施评估

5.2.1　新标准实施后火电 NO_x 减排费用效益预测

（1）NO_x 减排效益预测

按照 2010 年、2015 年和 2020 年火电装机容量分别为 7.10 亿 kW、10.06 亿 kW 和 12.1 亿 kW 计，火电行业 NO_x 排放量也持续增加，预计 2020 年，火电行业 NO_x 排放量将达到 1 234 万 t。预测结果见表 5-3。

对新标准实施后的减排效益，设定两种控制方案进行预测：

1）控制方案一

①对新建和 2004 年 1 月 1 日至 2011 年 12 月 31 日环境影响评价文件通过审批的现有燃煤火力发电锅炉全部实施烟气脱硝，NO_x 排放浓度控制在 100 mg/m^3；

②2003 年 12 月 31 日建成投产或环境影响评价文件已通过审批的现有燃煤火力发电锅炉排放浓度控制在 200mg/m^3。

则预计到 2020 年全国火电 NO_x 排放量将下降到 280 万 t。

2）控制方案二

在控制方案一的基础上，对位于重点地区（截至 2008 年年底，以全国 10 万 kW 以上火电机组装机容量为基数，北京市、天津市、河北省火电装机容量占 7.73%；上海市、江苏省、浙江省火电装机容量占 16.15%；广东省火电装机容量占 5.72%；上述地区合计占 29.6%）内的燃煤火电机组 NO_x 排放浓度控制在 100mg/m^3。

则预计 2020 年全国火电 NO_x 排放量将下降到 266 万 t。

表 5-3　火电 NO_x 达标排放量预测　　　　　　　　　　　　单位：万 t

年份	2010	2015			2020	
		排放量	比 2010 年削减	全国减排贡献率	排放量预测	比 2010 年削减
目前控制水平排放量预测	865	1 116	+29%	—	1 234	+43%
控制方案一	865	250	−71%	28.4%	280	−68%
控制方案二	865	234	−73%	29.2%	266	−69%

（2）新标准实施后脱硝费用预测

与减排效益设定两种控制方案相对应，新标准实施后，不同控制方案的脱硝成本预测如下：

1）控制方案一

对新建和 2004 年 1 月 1 日至 2011 年 12 月 31 日期间环境影响评价文件通过审批的现有燃煤火力发电锅炉全部实施烟气脱硝，对 2003 年 12 月 31 日前建成的火电机组部分实施烟气脱硝新标准实施后，到 2015 年，需要新增烟气脱硝容量 8.17 亿 kW，若都以安装高效低氮燃烧器和 SCR，以老机组改造每千瓦脱硝装置投资为 280 元，新机组加装每千瓦脱硝装置投资为 150 元计，共需脱硝投资 1 950 亿元。以每台机组年运行 5 000 h，脱硝运行费用为 0.015 元/（kW·h）计，2015 年需运行费用 612 亿元/a。到 2020 年，需要新增烟气脱硝容量 10.66 亿 kW，共需脱硝投资 2 328 亿元，2020 年需运行费用 800 亿元/a。

2）控制方案二

投资和运行费用略高于控制方案一。

5.2.2　新标准实施后火电行业 SO_2 减排效益及成本分析

（1）新标准实施后火电 SO_2 减排效益预测

2010 年，火电 SO_2 排放量为 859 万 t，到 2015 年和 2020 年分别为 993 万 t 和 1 016 万 t。到 2015 年由于新标准的实施，SO_2 排放量将由 2010 年的 859 万 t 削减到 409 万 t，削减率为 52%，对全国减排贡献率占 23.9%；到 2020 年削减到 411 t，削减率为 52%。预测结果见表 5-4。

表 5-4　火电 SO_2 达标排放量预测　　　　　　　　单位：万 t

年份	2010	2015			2020	
		排放量预测	比 2010 年削减	全国减排贡献率	排放量预测	比 2010 年削减
目前控制水平排放量预测	859	993	+15%	—	1 016	+18%
达标排放量	859	409	−52%	23.9%	411	−52%

（2）新标准实施后脱硫成本预测

2015 年，有 1.31 亿 kW 的新建火电机组需要安装烟气脱硫装置，以安装高效湿法石灰石-石膏法为主，新机组安装脱硫装置投资约为 130 元/kW 计，约需 170 亿元。以机组年运行 5 000 h，脱硫运行费用为 0.015 元/kW·h 计，到 2015 年新建火电机组烟气脱硫装置运行费用约为 98 亿元/a，到 2020 年新建火电机组烟气脱硫装置运行费用为 286 亿元/a。此外，部分现有机组也需要经费进行烟气脱硫改造。

5.2.3　综合分析

新标准极大地提高了烟尘、SO_2 和 NO_x 的排放限值，电力行业不仅需要加快加装烟气脱硝装置，而且需要对现有的烟气脱硫设施及除尘设施进行全面改造。在不考虑改造期间电厂停运造成损失的情况下，仅增加的环保投资与运行费用就十分巨大，见表 5-5。

表 5-5　新标准增加火电行业排污设施投资及运行费用　　　　　单位：亿元

项目	增加的投资		增加的年运行费用	
	2015 年	2020 年	2015 年	2020 年
NO_x	1 950	2 328	612	800
SO_2	170	—	98	286
小计	2 120	—	710	1 086

通过以上分析，电力行业 2015 年为满足新标准规定的排放控制要求，烟气治理设施的投资费用约需 2 120 亿元，运行费用约为 710 亿元/a。

5.3　对经济影响分析

5.3.1　情景设置

通过建立中国分行业的二氧化硫、化学需氧量、氨氮、氮氧化物等污染物排放数据库，构建中国环境污染的一般均衡模型，模拟测算火电行业排放标准提升对中国宏观经济以及大气污染物排放的影响。我们将依据方案一的投资和运行费用情况对 CGE 模拟模型情景进行设置。

模型使用长期闭合，我们针对脱硝控制方案一进行经济分析。从三个角度模拟：第一，火电行业投资烟气脱硝和脱硫装置会带动其他行业产出扩张，从而促进经济增长。第二，火电行业为达到新的排放标准投资导致其成本增加。目前来看，成本主要包括两部分：投资成本和运行成本。投资和运行费用大大增加了企业的生产成本，导致火电行业产出下降。第三，由于新投资了脱硫和脱销设施大大增加了污染物的去除率，减少了污染的排放，强化了末端治理力度。下面将分别介绍投资拉动、成本增加和去除率提高的变化。

（1）投资拉动的增长率

《火电厂大气污染物排放标准》（GB 13223—2003）编制说明显示，2007 年和 2015 年的火电装机容量分别为 55 442 万 kW 和 107 000 万 kW，从而可得出火电装机容量的增长率为 92.99%。从模型基础数据库可知，其他专用设备制造业用于火电的投资额为 208.94 亿元，我们假定投资按照电力行业产出增长率增长，则 2015 年其他专用设备制造业用于火电的投资额为 403.24 亿元。而根据研究表明，到 2015 年需要的总投资为 2 120 亿元（SO_2 需要投资 170 亿元，NO_x 需要投资 1 950 亿元），因此，投资增长率为 425.7%。

（2）生产成本增加引起的生产税税率变化

根据《火电厂大气污染物排放标准》（GB 13223—2003），2015 年针对 NO_x 和 SO_2 排放标准脱硝和脱硫装置增加的投资为 2 120 亿元，运行费用为 710 亿元，总成本为 2 830 亿元。在 2007 年的投入产出表中，火电行业的总产出为 31 485.99 亿元，我们认为火电装机容量的增长率近似等于电力行业的产出增长率，2015 年电力行业总产出为 60 766.22 亿元。因此生产税税率的变化为 0.046 57。

（3）烟气脱硫和脱硝装置投资导致火电行业末端去除率提高

从理论上来讲，火电行业脱硫和脱硝的去除率分别为 90% 和 25%。根据《火电厂大气污染物排放标准》（GB 13223—2003），2015 年火电的装机容量将达到 10.7 亿 kW，需要脱硫处理的 1.31 亿 kW，需要脱硝处理的 8.17 亿 kW。也就是说，目前已经分别处理了 9.39 亿 kW 和 2.53 亿 kW，处理的份额分别为 87.8% 和 23.6%。分别乘以理论去除率得到实际去除率 78.98% 和 5.91%，SO_2 和 NO_x 剩下的份额分别为 21.02% 和 94.09%。假设 2015 年脱硝装置及脱硫设施全部覆盖，也就是达到理论去除率 90% 和 25%。理论去除率剩余的部分分别为 10% 和 75%。由此可见，安装后的剩余份额与安装前的剩余份额相比，分别下降 52.4% 和 20.3%。

5.3.2　经济影响结果分析

（1）对宏观经济指标的影响

模型结果显示，提高火电行业的排放标准对经济的负面冲击较大。与基准情景相比，2015 年我国 GDP 将下降 0.33%。从支出的角度对 GDP 进行分解，可以发现 GDP 下降主要是由于投资贡献率的下降（−0.50%）。在长期资本回报率、就业和技术进步基本保持不变的前提下，资本存量（−0.48%）的下降会带动投资回落，进而影响经济增速（表 5-6）。

表 5-6　提高火电行业排放标准对宏观经济的影响　　　　　　　　　单位：%

宏观经济变量	变化量
GDP	−0.33
CPI	−0.07
居民消费	−0.20
投资	−0.50
出口	−0.11
进口	0.05
实际汇率贬值	−0.05
贸易条件	0.03
要素市场	
资本存量	−0.48
实际工资	−0.68

①从物价水平看，模型结果表明，消费者价格指数 CPI 下降 0.07%。提高火电行业排放标准并没有推高物价水平，相反却有一定的抑制作用。物价之所以没有上升原因有两个：一方面，提高火电行业的生产税税率，增加了火电行业运行成本，确实会推高电力价格，但这种中间投入品价格的上涨只向大量直接使用电力的部门传导，如基础化学原料制造业、铁合金冶炼业、有色金属矿采选业和黑色金属矿采选业等，对居民消费品（房地产、家电、食品等）的影响很小；另一方面，由于企业面对的实际工资水平下降0.68%，劳动力成本降低，导致居民主要消费品（农业、轻工业和服务业）的整体价格水平下降。

②提高火电行业排放标准不利于我国进出口贸易。由于本币的实际汇率升值0.05%，从而使得出口价格相对国际市场变得昂贵了，出口减少 0.11%。而在模型假设中进口品价格不变，因此进口品相对变得便宜，导致进口增加 0.05%。

③提高火电行业排放标准对内需结构有所改善。模型结果显示，居民消费和投资均出现下降，分别为−0.20%和−0.50%。居民消费下降主要是由于 GDP 下降导致国民收入减少，从而降低了消费，居民福利有所下降。投资的大幅下降主要是由于资本存量下降0.48%。从内需结构来看，与投资的降幅相比，私人消费的下降幅度较小，所以，提高火电行业排放标准在一定程度上改善了中国的内需结构。

④从就业水平看，长期就业保持不变。由于资本存量下降 0.48%，劳动的边际产出下降 0.30%。生产者根据其面对的资本租金和工资水平决定要素投入的使用量。一方面，

由于成本优势，企业对劳动力的需求增加（因为相对资本租金，企业更愿意雇用廉价劳动力来替代资本）；另一方面，受火电行业生产税的直接或间接影响，与其关联度较大的上下游行业或其他行业劳动力需求下降。因此，劳动力在不同行业之间配置发生了变化。

（2）对主要产业的影响

总体来看，提高电力行业的生产税，会使电力行业的生产成本增加，带动电力的价格上涨从而对其上下游行业造成影响；对其他专用设备投资品需求的增加，拉动了其他专用设备行业产出，进一步对其上下游行业产生影响。另外，与电力部门、其他专用设备部门没有直接联系的其他行业，也会受到由于资本存量变动所带来的全社会劳动力市场、资本市场以及贸易格局变化的影响。

1）主要受益的行业

图 5-1 列示了前 10 个受益最大的行业产出变动情况。其他专用设备制造业产出增加最多（9.09%）、水产品加工业（1.71%）、皮革、皮毛、羽毛（绒）及其制品业（1.14%）、针织品、编织品及其制品制造业（0.89%）、毛纺织和染整精加工业（0.68%）、屠宰及肉类加工业（0.55%）、渔业（0.41%）、林业（0.39%）、燃气生产和供应业（0.33%）和纺织制成品制造业（0.31%）。可以看出，受益的行业中大部分属于劳动密集型产业。按其影响机理的不同，我们将其产出变化原因分为五类：

①直接受冲击行业。受益最大的行业是其他专用设备制造业。模型数据库显示，其他专用设备制造业超过 50%企业投资，因此，火电行业的投资需求增加直接刺激了该行业的产出。

②劳动力价格下降获得的成本优势。林业、畜牧业和渔业都属于劳动密集型行业，其劳动力占行业增加值的份额均超过 95%。因此，劳动力价格下降，导致这三个行业受益于要素投入成本的降低。

③成本下降导致出口导向型行业扩张。畜牧业和渔业分别是屠宰肉类和水产品加工业的主要投入品，投入比重分别为 75.5%和 69.0%，投入品价格下降导致这两个行业成本降低。而皮革制品业的主要投入品是屠宰肉类加工业，所以，上下游的联动效应使屠宰及肉类加工业、水产品加工业和皮革、皮毛、羽毛（绒）及其制品业获得多重成本下降的优势，刺激了出口需求增加，从而带动产出扩张。同样，针织品、编织品及其制品制造业和纺织制成品制造业是属于出口导向型的行业，出口份额分别为 89.09%和44.03%，所以，国内价格下降导致其出口需求增加。

④下游行业的拉动效应。当然，出口导向型企业的快速扩张也将拉动其上游产业的产出增加。例如，毛纺织和染整精加工业是针织品、编织品及其制品制造业和纺织制成品制造业的主要投入品，因此，下游行业的快速扩张拉动了上游行业的产出增加。

⑤能源价格替代效应。燃气生产和供应业的产出增加主要归因于能源价格替代效应。模型中能源产品作为中间投入通过 Leontief 函数与其他中间投入联系，而能源产品之间则通过 CES 函数嵌套，不同的能源产品之间可以互相替代。在六种能源产品中，煤炭价格下降–0.07%，天然气价格上涨幅度最小（0.07%），其他四种能源价格上涨幅度比天然气大。因此，企业将倾向于使用天然气和煤炭。而煤炭产出受限于下游重工业部门的萎缩。因此，相对其他能源产品，天然气的产出增加较大。

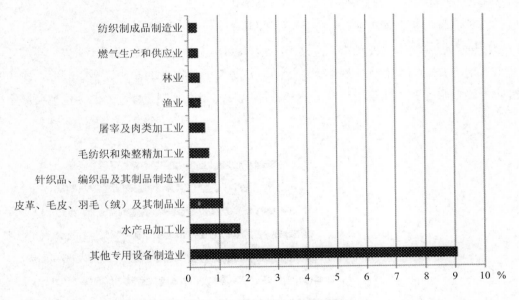

图 5-1　主要受益行业产出变动

2）主要受损的行业

图 5-2 列示了前 10 个受冲击最大的行业产出变动情况。火电行业的产出下降–4.37%，基础化学原料制造业（–4.19%）、铁合金冶炼业（–2.98%）、有色金属矿采选业（–2.78%）、有色金属冶炼业（–2.61%）、黑色金属矿采选业（–2.34%）、输配电及控制设备制造业（–2.32%）、有色金属压延加工业（–2.04%）、建筑材料制造业（–1.96%）

和建筑业（−1.90%）。这些行业基本上都是属于资本密集型行业。

　　虽然这些行业产出都受到比较大的冲击。但是这些行业产出下降的原因却有很大的不同，按其影响机理不同可以分为三类：

　　①直接受冲击行业。火电行业是直接受冲击的行业，所以受损程度最大。提高火电行业生产税将直接推高火电行业成本，导致电力价格上涨。模型显示，96%的电力被用于中间投入，电力价格的上涨将导致直接大量使用电力的下游产业减少对国内电力的需求。

　　②上下游联动效应。上游行业成本上涨对下游行业产出的负面冲击路径主要是电力价格上涨直接推高下游行业成本从而产出减少，包括直接以大量电力或电力下游产品为主要投入品的基础化学原料制造业、铁合金冶炼业、有色金属矿采选业、有色金属冶炼业、有色金属压延及加工业和黑色金属矿采选业。

　　③宏观经济需求的变动效应。建筑业超过94%被用作被投资使用，所以，建筑业的产出变动主要受投资需求的影响。由于总投资下降，建筑业的产出减少。同时，作为建筑业主要上游行业的建筑材料制造业和输配电及控制设备制造业，也由于建筑业产出下降而收缩。

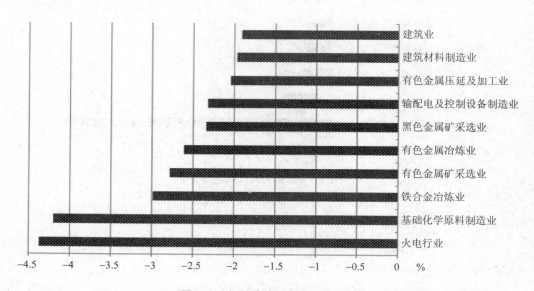

图 5-2　主要受损行业产出变动

（3）对我国大气污染物排放的影响

火电行业新标准提高在冲击经济的同时，也显著减少了大气污染物的排放水平。模拟结果显示，SO_2 和 NO_x 的排放量显著下降，但是产生量却下降较小。SO_2 和 NO_x 的排放量分别下降 21.89% 和 13.18%（绝对量分别下降 572.42 万 t 和 170.76 万 t），产生量分别下降 0.67% 和 2.24%（绝对量分别下降 94.08 万 t 和 29.83 万 t）（表 5-7）。这主要是由于烟气脱硫和脱硝装置的安装提高了火电行业燃烧排放去除率，从而导致火电行业的排放量大幅下降。

表 5-7　提高火电排放标准对我国 SO_2 和 NO_x 排放量的影响

主要大气污染物	二氧化硫（SO_2）		氮氧化物（NO_x）	
	百分比变化/%	绝对量变化/万 t	百分比变化/%	绝对量变化/万 t
总产生量	−0.67	−94.08	−2.24	−29.83
总排放量	−21.89	−572.42	−13.18	−170.76
使用方式（排放量）				
中间使用	−23.05	−571.25	−13.6	−170.38
消费使用	−0.85	−1.16	−0.86	−0.37
排放方式（排放量）				
过程排放	−1.90	−3.42	−1.76	−0.95
燃烧排放	−23.37	−569.00	−13.67	−169.81
能源品种（燃烧排放量）				
煤炭	−30.90	−438.74	−15.32	−164.84
油气	−22.98	−125.58	−6.37	−0.52
成品油	−1.23	−4.29	−4.13	−4.18
焦炭	−0.33	−0.40	−0.33	−0.15
天然气	3.42	0.01	−1.09	−0.11
电力	0.00	0.00	0.00	0.00

行业排放量变化与其使用的能源结构和能源之间的替代关系即相对价格的变化有很大关系。因此，本书在分析行业结果之前需要先阐明六种能源价格的变化趋势和原因。模型显示，在六种能源产品之中，只有煤炭的价格下跌，其余五种能源产品价格均呈现不同程度的上涨。煤炭价格下跌（−0.07%）主要有两个方面的原因：一方面，下游火电行业产出萎缩导致对上游煤炭的需求下降；另一方面，煤炭行业属于劳动密集型产业，模拟显示，整个经济中劳动力相对价格下降，因此，煤炭行业的相对成本降低。电力价

格上涨（13.52%）是因为提高火电行业排放标准的投资在长期导致企业的生产成本增加。至于油气、焦炭、成品油和天然气的价格上涨是由于上游成本增加推动产品价格上涨。其中，油气和焦炭价格（0.29%和 0.72%）主要是因为上游行业电力价格上涨。而成品油和天然气价格（0.23%和0.07%）同样是由于上游油气行业价格上涨带动成本增加。

1）主要行业的 SO_2 排放量变化

为了便于分析行业 SO_2 排放量的变化，我们分别选取了排放量增加最大和下降最大的前 5 个行业。总的来说，SO_2 排放量的变化主要取决于三个方面的因素：行业产出的变化、能源产品之间相对价格的变化引起能源之间的替代和行业的初始的排放总量和份额。

总的来看，行业 SO_2 排放量变化呈现出两个显著的特征（表5-8）。

第一，从排放量集中度看，排放量下降的行业集中度非常高，几乎都是来自火电行业的排放量下降，而排放量增加的行业较为分散。排放量下降的行业中，火电行业排放量降幅最大，达到 582 万 t，而其他 4 个行业（基础化学原料制造业下降 1.27 万 t、炼铁业下降 1.04 万 t、有色金属冶炼业下降 0.73 万 t、建筑材料制造业下降 0.43 万 t）总排放量下降幅度还不到 5 万 t。这是因为行业总排放量的 43%都是来自火电行业，由于其排放基数太大，所以，很小的产出变化都会导致排放量的大幅波动。与排放量下降的行业不同，SO_2 排放量增加的行业则相对分散。其中，排在第一位的农业和第五位的水泥制造业分别增加了 3.76 万 t 和 0.76 万 t，两者相差 3 万 t。

第二，从排放方式看，基本上都是燃烧排放起主导作用，而过程排放贡献较小。模拟显示，SO_2 排放量变化最大的前 10 个行业中，除了有色金属冶炼业外，其余 9 个行业都是燃烧排放起绝对作用。基础数据库显示，这是因为这些行业的排放量主要来自燃烧排放，而过程排放量的比重很小。如农业和渔业根本就没有过程排放，火电行业、造纸业和纺织印染业的过程排放还不到其总排放（过程排放+燃烧排放）的 1%，水泥和建筑材料制造业也没有超过 10%。基础化学原料制造业和炼铁业比重相对较高，分别达到 16%和 23%。这些行业的过程排放比重与其在总排放量变化中的贡献基本一致。与其他行业不同，有色金属冶炼业的过程排放占比达到 79%，所以，其总排放量变化中的过程排放起主导作用。

表 5-8　主要行业 SO_2 排放量的变化　　　　　　　　单位：万 t

行业名称	总排放量	过程排放	燃烧排放	煤炭	油气	成品油	焦炭	天然气
排放量下降前五个行业								
火电行业	−582.14	−0.01	−582.14	−444.93	−127.69	−9.47	−0.05	0.00
基础化学原料制造业	−1.27	−0.37	−0.90	−0.18	−0.64	−0.02	−0.06	0.00
炼铁业	−1.04	−0.34	−0.70	−0.22	−0.02	0.00	−0.45	0.00
有色金属冶炼业	−0.73	−1.38	0.65	0.42	0.11	0.03	0.09	0.00
建筑材料制造业	−0.43	−0.20	−0.23	−0.10	−0.10	−0.01	−0.02	0.00
排放量增加前五个行业								
农业	3.76	0.00	3.76	0.20	0.00	3.55	0.00	0.01
造纸业	1.84	0.00	1.85	1.52	0.27	0.05	0.00	0.00
纺织印染业	1.19	0.00	1.19	0.64	0.53	0.03	0.00	0.00
渔业	0.84	0.00	0.84	0.01	0.00	0.83	0.00	0.00
水泥制造业	0.76	−0.13	0.89	0.84	0.04	0.01	0.01	0.00

注：总排放=过程排放+燃烧排放

燃烧排放=煤炭+油气+成品油+焦炭+天然气

　　由于火电行业是直接冲击的行业，而且排放量下降最大，所以本书有必要对其进行深入的分析。火电行业排放量下降几乎全部来自燃烧排放的变化，而且过程排放变化很小。这是因为在基础排放数据库中，火电行业燃烧排放占了总排放量的 99.8%，而过程排放量只占 0.2%。所以，即使行业产出变化很大（−4.4%），但过程排放量对总排放量的贡献仍然很小。模型显示，火电燃烧排放量下降 582 万 t，但是其产生量只下降 85 万 t。这是因为火电行业投资提高了燃烧排放的废气去除率，从而导致燃烧排放量大幅下降。也就是说，排放量的下降主要并不是由于能源使用的减少，而是废气去除率的提高。从能源品种看，因为煤炭和油气是火电行业最重要的中间投入品，所以，其燃烧排放量下降主要来自煤炭（−445 万 t）和油气（−128 万 t）的燃烧排放量下降。另外，火电行业不存在能源替代效应，因为煤炭是火电行业最重要的中间投入品，并不是单纯用来燃烧的，通常指的能源替代不包括这种情况。

　　另外，对有色金属冶炼业和水泥制造业进行深入分析，因为其过程排放下降和燃烧排放呈现相反的变动方向。大部分行业的过程排放和燃烧排放都是同方向变化的，而这两个行业在其过程排放下降的同时，燃烧排放却在增加。对于有色金属冶炼业，其总排放量下降 0.73 万 t，其中，过程排放下降 1.38 万 t，而燃烧排放却增加 0.65 万 t。该行业的过程排放下降是由于产出收缩造成的（−2.6%），而燃烧排放上升是因为其使用的六种能源中，电力的份额较高，达到 65%，因此，电力价格的上涨推高了该行业的平均能源价格，从而大幅增加了其他五种能源的使用，而且其上涨幅度超过了产出的下降幅度。所以，总体上是增加了其他五种能源使用的同时，减少了电力的使用。但是终端使用电力不产生排放，所以，造成了五种能源的燃烧排放量增加。而煤炭和成品油是有色金属冶炼业的主要中间投入，所以与其他能源相比，燃烧排放的贡献较大。水泥制造业也是同样的情形，行业产出下降 1.9%导致过程排放减少 0.13 万 t，能源产品中电力的份额达到 58%，所以，电力的替代效应导致其燃烧排放增加。同样，作为水泥制造业的主要能源投入煤炭（34%）排放量变化也是最大的。此外，造纸业也是同样的情形，其产出下降 0.84%，由于其过程排放比较小，所以表中没有显示出数据来。

2）主要行业的 NO_x 排放量变化

总的来说，除了火电行业外，其他行业的 NO_x 排放量变化都很小。由于分析思路和结果与 SO_2 大致相同，因此，我们将集中分析一些异同之处。

第一，从行业覆盖看，NO_x 和 SO_2 排放量变化的行业来源基本相同。其中，NO_x 排放量下降的前 5 个行业中，有 4 个行业与 SO_2 相同（火电行业、基础化学原料制造业、炼铁业和建筑材料制造业）（表 5-9）；而在上升的 5 个行业中，有 3 个相同行业（水泥制造业、造纸业和纺织印染业）。可以看出，NO_x 和 SO_2 排放量有很大的同源性。

第二，从变化幅度看，与 SO_2 相比，NO_x 排放量变化幅度更小。除了火电行业外，其他行业的排放量变化都很小。火电行业下降 174 万 t，而其他行业，除水泥制造业外（1.2 万 t），变化量均在 1 万 t 以下。可以看到，排在增加第五位的其他食品加工业只增加了 1 800 t NO_x 排放，而排在下降第五位的道路运输业只下降了 700 t。

第三，从能源产品看，NO_x 和 SO_2 燃烧排放的能源来源存在差异。这是由于在基础排放数据库中，不同的排放物在不同能源产品中的排放不同造成的。从所有行业平均情况看，NO_x 来自煤炭、油气、成品油和其他的比例分别为 88%、1%、7%和 4%，而 SO_2 的比例为 58%、24%、13%和 5%。可以清晰地看出，煤炭是两种污染物的最主要来源。而次要来源，NO_x 是来源于成品油的燃烧，而 SO_2 则是来源于油气。

表 5-9　主要行业 NO_x 排放量的变化　　　　　单位：万 t

行业名称	总排放量	过程排放	燃烧排放	煤炭	油气	成品油	焦炭	天然气
排放量下降前五个行业								
火电行业	−173.83	−0.13	−173.70	−168.63	−0.54	−4.40	−0.02	−0.12
基础化学原料制造业	−0.37	−0.08	−0.30	−0.20	−0.01	−0.03	−0.06	0.00
炼铁业	−0.30	−0.06	−0.24	−0.09	0.00	0.00	−0.15	0.00
建筑材料制造业	−0.15	−0.09	−0.06	−0.05	0.00	−0.01	0.00	0.00
道路运输业	−0.07	0.00	−0.07	−0.00	0.00	−0.07	0.00	0.00
排放量增加前五个行业								
水泥制造业	1.17	−0.25	1.41	1.39	0.00	0.02	0.01	0.00
造纸业	0.64	0.00	0.64	0.61	0.00	0.03	0.00	0.00
纺织印染业	0.35	0.00	0.35	0.33	0.00	0.02	0.00	0.00
批发零售业	0.20	0.00	0.20	0.09	0.00	0.10	0.00	0.01
其他食品加工业	0.18	0.00	0.18	0.15	0.00	0.03	0.00	0.00

第 **6** 章
案例研究——京津冀黄标车淘汰政策的费用效益分析

6.1 黄标车淘汰政策概述

6.1.1 全国黄标车淘汰政策概况

6.1.1.1 什么是黄标车及淘汰政策

"黄标车"是指污染物排放达不到国 I 排放标准的汽油车和达不到国Ⅲ排放标准的柴油车，以及摩托车、三轮汽车和低速货车。"黄标车"的概念最早出现在 1999年，当时北京市环保局对排放达不到国 I 标准的汽车发放黄色标志，该类汽车简称"黄标车"。

黄标车淘汰政策是指通过设置各类措施，如经济补贴、限制上路等措施，促进黄标车被淘汰，从而实现机动车污染防治、改善城市大气环境质量的目标。黄标车淘汰政策主要包括黄标车提前淘汰补贴政策和黄标车禁行政策以及其他监管手段。

6.1.1.2 全国黄标车及污染排放状况

由于机动车保有量的逐步增加，机动车排放尾气目前已成为我国空气污染的重要来源，是造成灰霾、光化学烟雾污染的重要原因。在北京和上海等特大型城市以及东部人口密集区域，机动车尾气对细颗粒物浓度的贡献达到30%左右，在极端不利天气条件下，贡献甚至会达到50%以上。同时，机动车大多行驶在人口密集区域，汽车尾气排放直接威胁人民群众身体健康。2010—2014 年全国汽车保有量由 7 721.7 万辆增加到 14 452.2 万辆，年均增长 17.0%。2010—2014 年全国汽车保有量变化趋势见图 6-1。2010—2014 年全国黄标车保有量由 1 558.3 万辆降到 984.2 万辆，年均减少 10.9%。2010—2014 年全国黄标车保有量变化趋势见图 6-2。

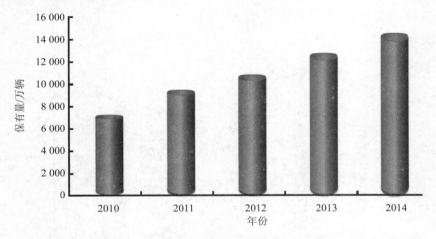

图 6-1　2010—2014 年全国汽车保有量变化趋势

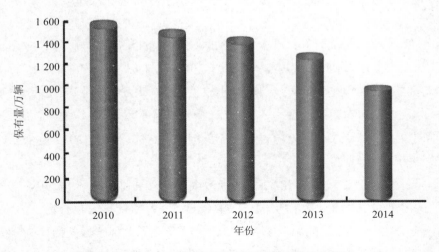

图 6-2　2010—2014 年全国黄标车保有量变化趋势

2010—2014 年，全国汽车四项污染物排放总量呈持续增长趋势，由 3 587.6 万 t 增加到 3 928.4 万 t，年均增长 2.3%。其中，一氧化碳（CO）排放量由 2 670.6 万 t 增加到 2 942.7 万 t，年均增长 2.5%；碳氢化合物（HC）排放量由 323.7 万 t 增加到 351.8 万 t，年均增长 2.1%；氮氧化物（NO$_x$）排放量由 536.8 万 t 增加到 578.9 万 t，年均增长 1.9%；颗粒物（PM）排放量由 56.5 万 t 降到 55.0 万 t，年均削减 0.7%。2010—2014 年全国汽车污染物排放量变化趋势见图 6-3。

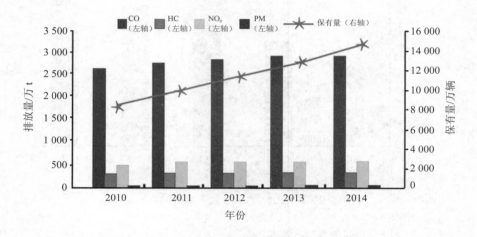

图 6-3　2010—2014 年全国汽车污染物排放量变化趋势

2010—2014 年全国黄标车四项污染物排放总量呈持续削减趋势，由 2 221.6 万 t 降到 1 823.8 万 t，年均削减 4.8%。其中，一氧化碳（CO）排放量由 1 584.1 万 t 降到 1 335.7 万 t，年均削减 4.2%；碳氢化合物（HC）排放量由 207.9 万 t 降到 172.7 万 t，年均削减 4.5%；氮氧化物（NO$_x$）排放量由 378.1 万 t 降到 274.4 万 t，年均削减 7.7%；颗粒物（PM）排放量由 51.5 万 t 降到 41.0 万 t，年均削减 5.5%。2010—2014 年全国黄标车污染物排放量变化趋势见图 6-4。

2014 年全国黄标车保有量 984.2 万辆，占汽车保有量的 6.8%。但 2014 年全国的黄标车排放的污染物中，占 45.4% 的一氧化碳（CO）、49.1% 的碳氢化合物（HC）、47.4% 的氮氧化物（NO$_x$）、74.6% 的颗粒物（PM）。2014 年全国黄标车污染物排放分担率见图 6-5。由此可见，黄标车污染治理是我国机动车污染防治的重点。

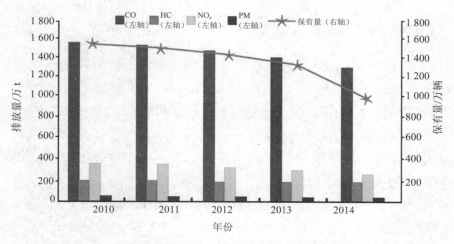

图 6-4 2010—2014 年全国黄标车污染物排放量变化趋势

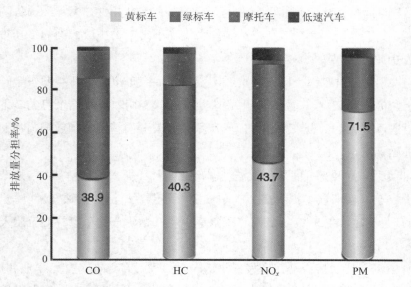

图 6-5 2014 年全国黄标车污染物排放量分担率

6.1.1.3 全国黄标车淘汰政策发展历程

机动车的更新淘汰早在 1995 年就已经开始，主要分为两个阶段。

（1）第一阶段（1995—2012 年）

本阶段主要是从老旧机动车的角度进行黄标车更新淘汰，对大气污染防治的目的性不明显，产生的社会影响力还较小。

从 1995 年开始到 2012 年，根据国务院有关规定，中央财政每年从车辆购置附加费中安排 3 亿元用于老旧汽车更新改造。

2000 年 10 月，国务院同意并印发财政部、国家计委、国家经贸委、公安部、建设部、交通部、税务总局、工商局、国务院法制办、国务院体改办、中国石油天然气集团公司、中国石油化工集团公司制定的《交通和车辆税费改革实施方案》（国发〔2000〕34 号），明确规定中央财政继续从车辆购置税收入中安排相应资金用于老旧汽车更新改造。

2001 年 6 月，《报废汽车回收管理办法》（国务院令 第 307 号）经国务院常务会议通过并公布，要求单位或者个人将未达到国家机动车污染物排放标准的机动车交售给报废汽车回收企业进行报废回收。

2002 年 12 月，财政部、国家经贸委印发《老旧汽车报废更新补贴资金管理暂行办法》（财建〔2002〕742 号），要求补贴资金实行专款专用，年终结余可结转下年度继续使用。并根据每年补贴资金来源和老旧汽车数量及其分布情况，制定全国补贴车辆的范围和具体补贴标准，及时向社会公告。

2009 年 4 月，财政部、商务部根据汽车产业调整和振兴规划精神和《财政部 国家经贸委关于发布〈老旧汽车报废更新补贴资金管理暂行办法〉的通知》（财建〔2002〕742 号）的有关规定，将 2009 年老旧汽车报废更新补贴资金的车辆补贴范围及补贴标准公告如表 6-1 所示。

2009 年 6 月，国务院办公厅印发发展改革委、财政部、商务部、工业和信息化部、环境保护部的《促进扩大内需鼓励汽车、家电以旧换新实施方案》（国办发〔2009〕44 号），要求采用财政补贴方式，鼓励提前报废黄标车并换购新车的。

表 6-1 2009 年老旧汽车报废更新补贴资金的车辆补贴范围及补贴标准 单位：元/辆

车辆类型		补贴标准
载客汽车	车长 7.5 m 以上（含 7.5 m）且乘座人数（包括驾驶人）23 人以上（含 23 人）	5 000
城市公交车	车长 9 m 以上（含 9 m）且当年更新的汽车排放标准符合国Ⅲ阶段要求（北京当年更新的汽车排放标准符合国Ⅳ阶段要求）	15 000
	不足 9 m 且当年更新的汽车排放标准符合国Ⅲ阶段要求（北京当年更新的汽车排放标准符合国Ⅳ阶段要求）	10 000
半挂牵引车	总质量在 12 000 kg 以上（含 12 000 kg）的载货汽车及准牵引总质量在 12 000 kg 以上（含 12 000 kg）	5 000

注册登记日期：2000 年 1 月 1 日—2002 年 12 月 31 日　　　　　　使用年限：7～9 年
报废日期：2009 年 1 月 1 日—12 月 31 日

2009 年 7 月，为贯彻《国务院办公厅关于转发发展改革委等部门促进扩大内需鼓励汽车家电以旧换新实施方案的通知》（国办发〔2009〕44 号）精神，更好地实施汽车以旧换新补贴政策，财政部、商务部、中宣部、国家发展改革委、工业和信息化部、公安部、环境保护部、交通运输部、工商总局、质检总局联合制定并印发《汽车以旧换新实施办法》（财建〔2009〕333 号），规定补贴范围和补贴标准。报废黄标车的具体补贴标准见表 6-2。

表 6-2 2009 年汽车以旧换新政策报废黄标车的补贴范围和补贴标准 单位：元/辆

车辆类型		补贴标准
载客车	微型（不含轿车）	3 000
	小型（不含轿车）	4 000
	中型	5 000
	大型	6 000
载货车	微型	4 000
	轻型	5 000
	中型	6 000
	重型	6 000
轿车、专项作业车		6 000

2009 年 12 月，财政部、商务部印发《关于调整汽车以旧换新补贴标准有关事项的通知》（财建〔2009〕995 号），调整报废黄标车的补贴标准，具体见表 6-3。

表 6-3　汽车以旧换新政策报废黄标车调整后的补贴范围和补贴标准　　单位：元/辆

车辆类型		补贴标准
载客车	微型（不含轿车）	5 000
	小型（不含轿车）	7 000
	中型	11 000
	大型	18 000
载货车	微型	6 000
	轻型	9 000
	中型	13 000
	重型	18 000
1.35 L 及以上排量轿车		18 000
1 L（不含）～1.35 L（不含）排量轿车		10 000
1 L 及以下排量轿车、专项作业车		6 000

（2）第二阶段（2013 年至今）

本阶段主要是从大气污染防治的角度进行黄标车淘汰，制订了大规模的黄标车淘汰计划，并产生了显著的社会影响力。

2013 年 9 月，国务院印发《大气污染防治行动计划》（国发〔2013〕37 号，简称"大气十条"），明确要求各地加快淘汰黄标车和老旧车辆，并通过采取划定禁行区域、经济补偿等方式，逐步淘汰黄标车和老旧车辆。目标是到 2015 年，淘汰 2005 年年底前注册营运的黄标车，基本淘汰京津冀、长三角、珠三角等区域内的 500 万辆黄标车。到 2017 年，基本淘汰全国范围内的黄标车。

2014 年 9 月，环境保护部、国家发展改革委、公安部、财政部、交通运输部、商务部联合印发《2014 年黄标车及老旧车淘汰工作实施方案》（环发〔2014〕130 号），提出通过市场手段推进黄标车淘汰，出台黄标车提前淘汰激励政策，地方财政可根据实际情况进一步安排提前淘汰奖励补贴，鼓励金融机构按照风险可控、商业可持续的原则，对淘汰黄标车的车主购置新车给予信贷支持。

2015 年 8 月，国务院办公厅印发《关于对黄标车淘汰工作进行专项督查的通知》（国办发明电〔2015〕11 号），要求各地积极开展营运黄标车集中清理工作，深入运输企业开展排查，督促企业及时淘汰 2005 年年底前注册登记的营运黄标车。

2015 年 10 月，环境保护部、公安部、财政部、交通运输部、商务部联合印发《关于全面推进黄标车淘汰工作的通知》（环发〔2015〕128 号），要求各地要因地制宜研究出台经济激励政策措施，加大黄标车淘汰补贴力度。可通过利用盘活的财政存量资金，优先安排对提前淘汰的黄标车，尤其是大型客货车、出租车、公交车进行补贴。

当前，黄标车淘汰政策主要依据《2014 年黄标车及老旧车淘汰工作实施方案》（环发〔2014〕130 号，以下简称《方案》）等政策，有 8 项措施：①开展黄标车限行，加强道路监督执法；②提高检验频次，严格执行强制报废标准；③严格营运黄标车监督管理；④加强机动车安全、环保检测机构监管；⑤出台黄标车提前淘汰激励政策；⑥鼓励车企实行让利营销；⑦建设国家、省、市三级机动车排污监管平台；⑧开展黄标车治理改造试点。

各地结合本市实际和国家淘汰黄标车补贴标准（表 6-3），因地制宜地研究出台本地版黄标车淘汰经济激励政策措施，明确补贴范围，确定补贴标准、申请补贴流程和各部门职责分工情况，加大黄标车淘汰补贴力度，加快黄标车淘汰进度。

2015 年 3 月，国务院总理李克强向全国人民代表大会作了《2015 年国务院政府工作报告》，明确提出要全部淘汰 2005 年年底前注册营运的黄标车。截至 2015 年年底，淘汰 2005 年年底前注册营运的黄标车 126 万辆，全面完成政府工作报告要求。2016 年 3 月，国务院总理李克强向全国人民代表大会做了《2016 年国务院政府工作报告》，明确提出要淘汰黄标车和老旧车 380 万辆。2017 年年底，淘汰全部黄标车。

6.1.2　京津冀地区黄标车淘汰政策情况

6.1.2.1　北京市

（1）发展历程

北京市黄标车淘汰始于北京市的控制大气污染措施。从 2007 年开始淘汰黄标车，目标是到 2015 年，完成淘汰北京市的全部黄标车。北京市黄标车淘汰政策发展历程，见表 6-4。

表 6-4　北京市黄标车淘汰政策的发展历程

时间	政策	政策内容
2007 年	《北京市第十三阶段控制大气污染措施》	要求行政事业单位和公交、环卫、邮政等行业要在 2008 年 6 月底前对贴有黄色环保标志的车辆（以下简称黄标车）完成淘汰和治理
2008 年	《北京市第十四阶段控制大气污染措施》	决定加快对黄标车的淘汰和治理。2008 年 6 月底前，公交、环卫、邮政等行业完成 2 300 辆黄标车的淘汰和 2 600 辆黄标车的治理；北京市运输管理局组织完成从事旅游、省际长途客运、城市配送业务的黄标车的淘汰治理。并对公交企业更新老旧黄标车继续实行财政贴息政策，对出租汽车、环卫、邮政等行业更新老旧黄标车，继续实行补贴政策；制定并实施促进从事建筑工程运输、旅游、省际长途客运、城市配送等业务的黄标车加快淘汰、治理或更新的政策
2009 年	《北京市第十五阶段控制大气污染措施》	决定加快淘汰黄标车。北京市党政机关黄标车自本通告发布之日起全部淘汰。2009 年 10 月 1 日前，保障城市运行的黄标车全部予以淘汰或更新。并采用以下措施：①制定加快黄标车淘汰的实施办法。②加大对黄标车的限行力度。从 2009 年 1 月 1 日起，除保障城市生产生活和运行的车辆外，运输渣土等各类黄标车全天禁止在五环路以内道路（含五环路）行驶。从 2009 年 10 月 1 日起，黄标车禁止在六环路以内道路（含六环路）行驶。③支持相关企业建立符合绿色环保标准要求的货物运输"绿色车队"，保障城市生产生活物资运输需要。④外省、区、市进京机动车按本市绿标、黄标车管理规定行驶
2009 年 1 月	《北京市进一步加快淘汰黄标车工作实施方案》	规定补助资金发放范围和发放标准，并规定每辆车的具体补助资金数额根据车型和使用年限确定。具体补助标准见表 6-5 和表 6-6
2009 年 8 月	《关于做好实施国家汽车以旧换新与本市黄标车淘汰政策衔接工作的通知》	要求各有关单位和个人做好实施国家汽车以旧换新政策与北京市黄标车淘汰政策衔接工作，包括办理地点和日期、补贴政策实施时间、少数已淘汰黄标车补贴资金就高问题等
2010 年 1 月	《关于新的国家汽车以旧换新政策与本市黄标车淘汰鼓励政策衔接有关事项的通知》	要求各有关单位和个人做好实施新的国家汽车以旧换新政策与北京市黄标车淘汰政策衔接工作，包括补贴政策实施时间、补贴标准、办理地点和日期、补领差额资金、部门职责和分工等
2010 年 6 月	《关于本市继续延长实施黄标车淘汰鼓励政策有关事项的通知》	规定北京市继续实施黄标车淘汰鼓励政策，执行时间由 2010 年 5 月 31 日延长至 2010 年 12 月 31 日，补助标准延用 2009 年第二阶段黄标车淘汰补助的资金标准

时间	政策	政策内容
2010 年	《北京市第十六阶段控制大气污染措施》	决定加快淘汰更新黄标车，并采用以下措施：①完成 4 万辆黄标车淘汰。②继续支持企业组建符合环保要求的"绿色车队"。③加强机动车排放污染综合监管。黄标车全天禁止在六环路以内道路（含六环路）行驶。六环路以内机动车检测场停止黄标车检测。④健全经济补偿与鼓励政策。研究制订黄标车更新淘汰和公交车试点采用国 V 标准，以及继续支持"绿色车队"组建与优先使用等相关经济补偿和激励政策
2013 年	《北京市 2013—2017 年清洁空气行动计划的通知》	要求北京市公安局公安交通管理局、北京市环保局等部门通过扩大黄标车禁行范围、增加尾气排放检测频次、加强行业管理和加大执法检查力度等措施，到 2015 年年底淘汰全部黄标车
2015 年 12 月	《关于对黄标车采取交通管理措施的通告》	规定自 2015 年 12 月 20 日起，黄标车全天禁止在北京市行政区域内行驶，对违规上路的黄标车，将处以 100 元罚款并扣 3 分

北京黄标车淘汰政策的第一阶段补助标准见表 6-5。

表 6-5　北京黄标车淘汰政策的第一阶段补助标准

（第一阶段：2008 年 9 月 27 日—2009 年 6 月 30 日）　　　　　　单位：元/辆

注册时间 车型	2004 年及以后	2002—2003 年	2000—2001 年	1998—1999 年	1996—1997 年	1994—1995 年	1993 年及以前
大客车	25 000	23 000	21 000	18 000	14 000	9 000	—
重货车	15 000	14 000	13 000	10 000	7 000	5 000	—
中型客、货车	10 000	9 000	8 000	6 000	4 000	3 000	2 000
小型客车	9 000	8 000	7 000	5 000	3 500	2 000	1 000
微客货、轻货车	6 000	5 000	4 000	3 000	2 000	1 000	800

北京黄标车淘汰政策的第二阶段补助标准见表 6-6。

表 6-6　北京黄标车淘汰政策的第二阶段补助标准

（第二阶段：2009 年 7 月 1 日—2009 年 12 月 31 日）　　　　　单位：元/辆

注册时间 车型	2004 年及以后	2002—2003 年	2000—2001 年	1998—1999 年	1996—1997 年	1994—1995 年	1993 年及以前
大客车	22 000	20 000	18 000	15 000	11 000	7 000	—
重货车	13 000	12 000	11 000	8 000	6 000	4 500	—
中型客、货车	8 000	7 000	6 000	5 000	3 500	2 500	1 500
小型客车	7 000	6 000	5 000	4 000	3 000	1 500	800
微客货、轻货车	5 000	4 000	3 000	2 000	1 000	800	500

（2）补贴政策

提前淘汰政策的补贴主要是针对社会上的私家车，行政事业单位和公交、环卫、邮政等行业的黄标车淘汰并没有相应的补贴。由于北京市黄标车提前淘汰政策与国家汽车以旧换新政策的政策有效时间有部分重合，导致北京市内不同时段、不同车型、不同车辆注册时间的黄标车提前淘汰的补贴标准不一样，因此，需要梳理黄标车提前淘汰的补贴政策。

经过政策分析和梳理，将北京市黄标车淘汰补贴政策共分为 3 个阶段。第 1 阶段为 2008 年 9 月 27 日至 2009 年 6 月 30 日，执行北京市黄标车淘汰政策的第一阶段补贴政策和新的国家汽车以旧换新补贴政策，采用补贴标准就高原则；第 2 阶段为 2009 年 7 月 1 日至 2010 年 5 月 31 日，执行北京市黄标车淘汰政策的第二阶段补贴政策和新的国家汽车以旧换新补贴政策，采用补贴标准就高原则；第 3 阶段为 2010 年 6 月 1 日至 2010 年 12 月 31 日，执行北京市黄标车淘汰政策的第二阶段补贴政策。3 个阶段的黄标车淘汰政策补贴标准见表 6-7。

表 6-7　北京黄标车淘汰的补助标准

补贴时间：2008 年 9 月 27 日至 2009 年 6 月 30 日　　　　　　　　　　　　　　　　单位：元/辆

车辆类型	注册时间	2004 年及以后	2002—2003 年	2000—2001 年	1998—1999 年	1996—1997 年	1994—1995 年	1993 年及以前
载客汽车	微型（不含轿车）	6 000	5 000	5 000	5 000	5 000	5 000	5000
	小型（不含轿车）	9 000	8 000	7 000	7 000	7 000	7 000	7000
	中型	11 000	11 000	11 000	11 000	11 000	11 000	11 000
	大型	25 000	23 000	21 000	18 000	18 000	18 000	—
载货汽车	微型	6 000	6 000	6 000	6 000	6 000	6 000	6000
	轻型	9 000	9 000	9 000	9 000	9 000	9 000	9000
	中型	13 000	13 000	13 000	13 000	13 000	13 000	13 000
	重型	18 000	18 000	18 000	18 000	18 000	18 000	—
轿车（小型载客汽车）	1.35 L 及以上排量	18 000	18 000	18 000	18 000	18 000	18 000	18 000
	1（不含）～1.35 L（不含）排量	10 000	10 000	10 000	10 000	10 000	10 000	10 000
	1 L 及以下排量	6 000	6 000	6 000	6 000	6 000	6 000	6000
轿车（微型载客汽车）	1 L 及以下排量	6 000	6 000	6 000	6 000	6 000	6 000	6000
专项作业车		6 000	6 000	6 000	6 000	6 000	6 000	6 000

补贴时间：2009 年 7 月 1 日至 2010 年 5 月 31 日　　　　　　　　　　　　　　单位：元/辆

注册时间 车辆类型		2004 年及 以后	2002— 2003 年	2000— 2001 年	1998— 1999 年	1996— 1997 年	1994— 1995 年	1993 年及 以前
载客 汽车	微型（不含轿车）	6 000	5 000	5 000	5 000	5 000	5 000	5000
	小型（不含轿车）	9 000	8 000	7 000	7 000	7 000	7 000	7000
	中型	11 000	11 000	11 000	11 000	11 000	11 000	11 000
	大型	22 000	20 000	18 000	18 000	18 000	18 000	—
载货 汽车	微型	6 000	6 000	6 000	6 000	6 000	6 000	6000
	轻型	9 000	9 000	9 000	9 000	9 000	9 000	9000
	中型	13 000	13 000	13 000	13 000	13 000	13 000	13 000
	重型	18 000	18 000	18 000	18 000	18 000	18 000	—
轿车（小 型载客 汽车）	1.35 L 及以上排量	18 000	18 000	18 000	18 000	18 000	18 000	18 000
	1（不含）～1.35 L （不含）排量	10 000	10 000	10 000	10 000	10 000	10 000	10 000
	1 L 及以下排量	6 000	6 000	6 000	6 000	6 000	6 000	6000
轿车（微 型载客 汽车）	1 L 及以下排量	6 000	6 000	6 000	6 000	6 000	6 000	6000
专项作业车		6000	6 000	6 000	6 000	6 000	6 000	6 000

补贴时间：2010 年 6 月 1 日至 2010 年 12 月 31 日　　　　　　　　　　　　　单位：元/辆

载客 汽车	微型	5 000	4 000	3 000	2 000	1 000	800	500
	小型	7 000	6 000	5 000	4 000	3 000	1 500	800
	中型	8 000	7 000	6 000	5 000	3 500	2 500	ì 500
	大型	22 000	20 000	18 000	15 000	11 000	7 000	—
载货 汽车	微型	5 000	4 000	3 000	2 000	1 000	800	500
	轻型	5 000	4 000	3 000	2 000	1 000	800	500
	中型	8 000	7 000	6 000	5 000	3 500	2 500	1 500
	重型	13 000	12 000	11 000	8 000	6 000	4 500	—

（3）禁行政策

北京市的黄标车禁行措施始于 2003 年。2003 年首先实施黄标车在二环路内禁行的措施。2008 年奥运会期间黄标车全市禁行。2009 年将黄标车禁行范围为五环路（含）以内，后扩至六环路（含）以内。2010 年黄标车全天禁止在六环路以内道路（含六环路）行驶。自 2014 年 4 月 11 日起，本市黄标车全天禁止进入六环路（含）以内道路和远郊区县城关镇主要道路行驶。对于外省、区、市黄标车，不予办理进京通行证件，全天禁止进入本市六环路（含）以内道路和远郊区县城关镇主要道路行驶，自 2015 年 1 月 1 日起禁止进入本市行政区域内道路行驶。自 2015 年 12 月 20 日起，所有黄标车全天禁止在本市行政区域内行驶。

2008 年 9 月，北京市人民政府发布《关于北京市第十五阶段控制大气污染措施的通告》（京政发〔2008〕38 号），要求从 2009 年 1 月 1 日起，除保障城市生产生活和运行的车辆外，运输渣土等各类黄标车全天禁止在五环路以内道路（含五环路）行驶。从 2009 年 10 月 1 日起，黄标车禁止在六环路以内道路（含六环路）行驶。

2010 年 4 月，北京市人民政府发布《关于北京市第十六阶段控制大气污染措施的通告》（京政办发〔2010〕9 号），要求黄标车全天禁止在六环路以内道路（含六环路）行驶。

2013 年 9 月，北京市人民政府印发《北京市 2013—2017 年清洁空气行动计划》（京政发〔2013〕27 号），要求市公安局公安交通管理局、市环保局等部门通过扩大黄标车禁行范围、增加尾气排放检测频次、加强行业管理和加大执法检查力度等措施，到 2015 年底淘汰全部黄标车。

2014 年 3 月，北京市交通委、北京市环境保护局、北京市公安交通管理局发布《关于部分机动车采取交通管理措施降低污染物排放的通告》（京交发〔2014〕29 号），规定自 2014 年 4 月 11 日起，本市黄标车全天禁止进入六环路（含）以内道路和远郊区县城关镇主要道路行驶。对于外省、区、市黄标车，不予办理进京通行证件，全天禁止进入本市六环路（含）以内道路和远郊区县城关镇主要道路行驶，自 2015 年 1 月 1 日起禁止进入本市行政区域内道路行驶。

2015 年 12 月，北京市环境保护局、北京市交通委、北京市公安局公安交通管理局发布《关于对黄标车采取交通管理措施的通告》（京环发〔2015〕35 号），规定自 2015 年 12 月 20 日起，所有黄标车全天禁止在本市行政区域内行驶。

（4）北京黄标车淘汰政策的实施情况

根据历年中国机动车污染防治年报估算，2010 年，北京市黄标车保有量约为 53 万辆。2011 年，北京市黄标车保有量约为 48 万辆。2012 年，北京市黄标车保有量约为 43 万辆。2013 年，北京市黄标车保有量约为 39 万辆。2014 年，北京市黄标车保有量约为 22 万辆。2015 年，北京市黄标车保有量约为 0 万辆。

2009 年 1 月 1 日至 2009 年 10 月 23 日，北京市黄标车淘汰、治理总量已达 96 729 辆，占黄标车注册总量的 27.3%，其中转出 47 792 辆，报废 43 186 辆，治理后黄标改绿标 5 751 辆。从 2009 年 1 月 1 日至 2009 年 10 月 16 日，已拨付黄标车淘汰补助资金 33 738 万元，补助淘汰黄标车 52 987 辆。2009 年的目标是淘汰黄标车 10 万辆以上。

从 2014 年 1 月至 2014 年 11 月底，北京市共淘汰老旧车 42.6 万辆，提前超额完成了国家要求北京市淘汰 39.1 万辆老旧车的年度任务，基本解决了黄标车问题。北京市政府已拨付财政补助资金 9.75 亿元，为 22.7 万辆老旧车车主发放了补助。2011—2014 年，北京市已累计淘汰黄标车、老旧车 165 万余辆。

2015 年，北京市基本解决黄标车问题。

6.1.2.2 天津市

（1）发展历程

天津市从 2012 年开始制定黄标车淘汰政策。表 6-8 是天津市黄标车淘汰政策的发展历程。天津市黄标车淘汰补贴标准见表 6-9 至表 6-12。

表 6-8 天津市黄标车淘汰政策的发展历程

时间	政策	政策内容
2012 年 6 月	《天津市提前淘汰黄标车补贴管理暂行办法》	确定黄标车淘汰范围、补贴标准和职责分工。补贴标准见表 6-9
2013 年 9 月	《关于继续实施提前淘汰黄标车补贴管理的通告》	决定继续实施提前淘汰黄标车补贴政策，延长补贴发放时间。补贴标准见表 6-9
2014 年 10 月	《关于继续实施黄标车淘汰补贴政策并调整营运大型客车、重型货车补贴标准的通告》	决定延长黄标车淘汰补贴发放时间，调整营运大型客车、重型货车的补贴标准，实施不同时间下差别化淘汰补贴政策。补贴标准见表 6-10 和表 6-11
2015 年 3 月	《关于实施黄标车提前淘汰补贴补充政策的通告》	确定补贴补充政策的补贴范围和补贴标准，决定补贴补充政策受理时间为 2015 年 3 月 2 日至 6 月 30 日。补贴标准见表 6-12

表 6-9   天津市黄标车淘汰补贴标准

补贴时间：2012 年 3 月 10 日至 2013 年 6 月 28 日，2013 年 6 月 29 日至 2014 年 9 月 30 日，

2014 年 10 月 1 日至 2014 年 10 月 27 日 　　　　　　　　　　　　单位：元/辆

车辆类型		补贴标准
载客汽车	微型（不含轿车）	5 000
	小型（不含轿车）	7 000
	中型	11 000
	大型	18 000
载货汽车	微型	6 000
	轻型	9 000
	中型	13 000
	重型	18 000
轿车	1.35 L 及以上排量	18 000
	1（不含）~1.35 L（不含）排量	10 000
	1 L 及以下排量轿车	6 000
专项作业车		6 000

表 6-10   天津市黄标车淘汰补贴标准

补贴时间：2014 年 10 月 28 日至 2015 年 3 月 31 日 　　　　　　　　单位：元/辆

车辆类型	淘汰时间段	2014 年 10 月 28 日至 12 月 31 日	2015 年 1 月 1 日至 3 月 31 日	2015 年 4 月 1 日以后
载客汽车	微型（不含轿车）	5 000	2 500	0
	小型（不含轿车）	7 000	3 500	0
	中型	11 000	5 500	0
	大型（非营运）	18 000	9 000	0
载货汽车	微型	6 000	3 000	0
	轻型	9 000	4 500	0
	中型	13 000	6 500	0
	重型（非营运）	18 000	9 000	0
轿车	1.35 L 及以上排量	18 000	9 000	0
	1（不含）~1.35 L（不含）排量	10 000	5 000	0
	1 L 及以下排量轿车	6 000	3 000	0
专项作业车		6 000	3 000	0

表 6-11 天津市大型营运类黄标车淘汰补贴标准

补贴时间：2014 年 10 月 28 日至 2015 年 3 月 31 日   单位：元/辆

车辆类型	注册登记时间及车长		2014 年 10 月 28 日 至 12 月 31 日	2015 年 1 月 1 日 至 3 月 31 日	2015 年 4 月 1 日以后
大型营运载客汽车	2006年	车长小于 6 m	40 000	20 000	0
		车长 6 m（含）至 9 m（含）	50 000	25 000	0
		车长超过 9 m	60 000	30 000	0
	2007年	车长小于 6 m	50 000	25 000	0
		车长 6 m（含）至 9 m（含）	60 000	30 000	0
		车长超过 9 m	75 000	37 500	0
	2008年	车长小于 6 m	60 000	30 000	0
		车长 6 m（含）至 9 m（含）	70 000	35 000	0
		车长超过 9 m	80 000	40 000	0
大型营运载货汽车（含半挂牵引车）	2004 年		35 000	17 500	0
	2005 年		41 000	20 500	0
	2006 年		50 000	25 000	0
	2007 年		60 000	30 000	0
	2008 年		70 000	35 000	0

表 6-12 天津市 2015 年黄标车淘汰补贴补充政策的补贴标准   单位：元/辆

注册登记日期 车辆类型	2005年	2004年	2003年	2002年	2001年	2000年	1999年	1998 年 12 月 31 日以前
重型营运载货汽车（含半挂牵引车）	—	—	12 250	10 500	8 750	7 000	5 250	3 500
重型非营运载货汽车（含半挂牵引车）			6 300	5 400	4 500	3 600	2 700	1 800
中型载货汽车（含半挂牵引车）			4 550	3 900	3 250	2 600	1 950	1 300
轻型载货汽车	—	—	3 150	2 700	2 250	1 800	1 350	900
微型载货汽车	2 700	2 400	2 100	1 800	1 500	1 200	900	600
大型营运载客汽车	车长不超过 6 m	18 000	16 000	14 000	12 000	10 000	8 000	6 000	4 000
	车长 6 m（含）至 9 m（含）	22 500	20 000	17 500	15 000	12 500	10 000	7 500	5 000
	车长超过 9 m	29 250	26 000	22 750	19 500	16 250	13 000	9 750	6 500
中型营运载客汽车	4 950	4 400	3 850	3 300	2 750	2 200	1 650	1 100
大型非营运载客汽车			6 300	5 400	4 500	3 600	2 700	1 800
中型非营运载客汽车			3 850	3 300	2 750	2 200	1 650	1 100
小型非营运载客汽车								700
微型非营运载客汽车								500
1.35 L 及以上排量轿车								1 800
1 L（不含）至 1.35 L（不含）排量轿车								1 000
1 L 及以下排量轿车								600

（2）补贴政策

提前淘汰政策的补贴主要是针对社会上的私家车，行政事业单位和公交、环卫、邮政等行业的黄标车淘汰并没有相应的补贴。根据天津市第一次黄标车提前淘汰政策的补贴标准设置，结合天津市多次调整补贴标准的政策，导致不同时段、不同车型、不同车辆淘汰时间的黄标车提前淘汰的补贴标准不一样。因此，需要对天津市黄标车提前淘汰政策的补贴标准政策进行总结。

经过政策分析和梳理，将天津市黄标车淘汰补贴政策共分为两个阶段。第一阶段为2012年3月10日至2014年10月27日，执行天津市黄标车淘汰政策的本时段补贴政策，见表6-9；第二阶段为2014年10月28日至2015年3月31日，执行天津市不同时间下差别化淘汰补贴政策，见表6-10和表6-11。另一个阶段为2015年3月2日至6月30日，对2012年3月10日后已将车辆交到报废汽车回收拆解企业，并办理注销手续未享受补贴的黄标车给予追加补贴，执行天津市黄标车淘汰政策的补贴补充政策，见表6-12。

（3）禁行政策

2012年2月，天津市人民政府发布《天津市机动车排气污染防治管理办法》（津政令〔2012〕51号），要求天津市公安机关交通管理部门会同天津市环境保护行政主管部门提出黄标车限制行驶方案，报天津市人民政府批准后，由公安机关交通管理部门负责具体实施。

天津市公安局交通管理局、天津市环境保护局制订黄标车限制行驶方案，主要包括三个阶段。第一阶段：2012年7月1日至2012年12月31日，7时至22时，在中环线（含）以内黄标车限制通行；第二阶段：从2013年1月1日起，7时至22时，外环线（不含）以内道路及滨海新区部分区域限制黄标车通行；第三阶段：自2014年1月15日起，天津市中心城区、滨海新区、环城四区在外环线以外的建成区及两区三县建成区范围内全时段限制黄标车通行；自2015年5月1日开始，全市行政辖区内全时段限制黄标车通行。

（4）天津市黄标车淘汰政策的实施情况

截至2012年1月，天津市机动车保有量已达200万辆。其中，黄标车29万辆（柴油车10.7万辆，汽油车18.0万辆）。根据国务院颁布《"十二五"节能减排综合性工作方案》，要加速淘汰老旧汽车、机车、船舶，基本淘汰2005年以前注册运营的黄标车的任务。天津市将按照国家相关要求，结合天津市减排需要，将黄标车淘汰工作分为两步实施。首先,"十二五"期间,重点淘汰国家明确要求的和车龄长、污染重的 11.3 万辆黄标车;其次,剩余的 17.4 万辆以及由于国家黄标车界定标准的调整而增加的黄标车,需按照国家今后确定的新要求,继续开展治理和淘汰工作。2012 年 1 月,天津市启动"十二五"期间的 11.3 万辆黄标车淘汰任务,主要包括 2001 年以前注册的柴油黄标车 2.4 万辆,这些车注册时间早、环境危害最大,群众反映强烈;2001—2005 年注册运营的柴油黄标车 1.9 万辆;1999 年以前注册的部分汽油黄标车约 7 万辆。

天津黄标车淘汰政策的实施措施主要有:①淘汰黄标私有车辆;②淘汰黄标公务用车;③淘汰黄标营运性车辆;④严格路面检查和报废监管;⑤强化舆论宣传引导;⑥扩大黄标车限行范围;⑦保障提前淘汰黄标车的补贴;⑧严格环保标志管理。

根据 2011—2015 年中国机动车污染防治年报估算,2010 年,天津市黄标车保有量约为 22 万辆。2011 年,天津市黄标车保有量约为 21 万辆。2012 年,天津市黄标车保有量约为 21 万辆。2013 年,天津市黄标车保有量约为 20 万辆。2014 年,天津市黄标车保有量约为 10 万辆。结合 2015 年天津市上报给环境保护部的 2015 年 1—11 月黄标车淘汰量 4.3 万辆,得到 2015 年天津市黄标车保有量约为 5 万辆。

自 2015 年 5 月 1 日开始,取得黄色环保检验合格标志的机动车,以及未按规定领取黄色环保检验合格标志的黄标车,天津市行政辖区内全时段限行。

天津从 2012 年开始启动黄标车淘汰行动。2012 年,天津市机动车保有量已经突破 280 万辆,其中黄标车就超过了 29 万辆。截至 2015 年 6 月底,天津市剩余 16.7 万辆黄标车已全部淘汰,"十二五"期间 29 万辆淘汰任务提前完成。天津市已经完成黄标车淘汰的所有任务。

6.1.2.3 河北省

(1)发展历程

2013 年,河北省人民政府印发《河北省治理淘汰黄标车工作方案》(冀办字〔2013〕119 号),设定淘汰黄标车的目标,即 2013 年,淘汰 1998 年底前和 2004 年底前注册登记的汽油、柴油机动车;淘汰全省党政机关和中央驻冀机关黄标车。2014 年 3 月底前,淘汰全省和中央驻冀企事业单位黄标车。2014 年,淘汰 1999 年年底前和 2006 年年底前注册登记的汽油、柴油机动车。2015 年,淘汰 2000 年年底前和 2007 年年底前注册登记的汽油、柴油机动车。全省共淘汰黄标车 102.6 万辆,其中 2013 年 57.8 万辆、2014 年

26.7 万辆、2015 年 18.1 万辆。

　　从 2013 年开始，河北各地市分别出台黄标车淘汰补贴政策。表 6-13 是河北省各地市黄标车淘汰政策的发展历程。

表 6-13　河北省各地市黄标车淘汰政策的发展历程

	时间	政策	政策内容
河北省	2013 年	《河北省治理淘汰黄标车工作方案》	设定各地市淘汰黄标车的目标
石家庄市	2013 年	《石家庄市大气污染防治攻坚行动方案（2013—2017年）》	出台黄标车淘汰的补贴标准、补贴范围等
唐山市	2014 年	《唐山市提前淘汰黄标车财政补贴办法》	
秦皇岛市	2013 年	《秦皇岛市 2013 年提前淘汰黄标车财政补贴实施方案》	
邯郸市	2013 年	《邯郸市 2013—2014 年鼓励黄标车提前淘汰财政补贴实施办法》	
邢台市	2015 年	《邢台市人民政府关于印发邢台市 2015 年提前淘汰黄标车 财政补贴实施办法的通知》	
保定市	2015 年	《保定市人民政府办公厅关于 2015 年黄标车提前淘汰予以财政补贴的通知》	
张家口市	2015 年	《2015 年度张家口提前淘汰黄标车补贴办法出台》	
承德市	2015 年	《承德市 2015 年鼓励黄标车提前淘汰补贴奖励办法》	
沧州市	2013 年	《沧州市人民政府办公室关于印发鼓励提前淘汰黄标车暂行补贴办法的通知》	
廊坊市	2015 年	《廊坊市 2015 年提前淘汰黄标车财政补贴办法》	
衡水市	2013 年、2014 年	《衡水市 2013 年淘汰黄标车财政补贴实施办法》《衡水市 2014 年淘汰黄标车财政补贴实施办法》	

（2）补贴政策

　　提前淘汰政策的补贴主要是针对社会上的私家车，行政事业单位和公交、环卫、邮政等行业的黄标车淘汰并没有相应的补贴。河北省各市根据河北省黄标车提前淘汰政策的设置，结合国家汽车以旧换新补贴政策，规定不同时段、不同车型、不同车辆淘汰时间的黄标车提前淘汰的补贴标准是不一样的。因此，对河北省各市黄标车提前政策的补贴政策进行总结。经过政策分析和梳理，石家庄、唐山、秦皇岛、邯郸、邢台、保定、张家口、承德、沧州、廊坊、衡水等市的黄标车提前淘汰补贴标准见表 6-14 至表 6-24。

表 6-14　石家庄市黄标车提前淘汰补贴标准

补贴时间：2013 年 1 月 1 日至 2014 年 12 月 31 日　　　　　　　　单位：元/辆

车辆类型		补贴标准
载客汽车	微型（不含轿车）	6 000
	小型（不含轿车）	7 000
	中型	11 000
	大型	18 000
载货汽车	微型	6 000
	轻型	9 000
	中型	13 000
	重型	18 000
轿车	1.35 L 及以上排量	10 000
	1（不含）~1.35 L（不含）排量	8 000
	1 L 及以下排量轿车	6 000

表 6-15　唐山市黄标车提前淘汰补贴标准

补贴时间：2014 年 12 月 8 日至 2015 年 6 月 30 日　　　　　　　　单位：元/辆

车辆类型		补贴标准
载客汽车	微型（不含轿车）	2500
	小型（不含轿车）	4 000
	中型	10 000
	大型	18 000
载货汽车	微型（不包括低速载货汽车和三轮汽车）	2 500
	轻型	7 000
	中型	10 000
	重型	18 000
轿车	1.35 L 及以上排量	10 000
	1（不含）~1.35 L（不含）排量	5 000
	1 L 及以下排量轿车	4 000

表 6-16 秦皇岛市黄标车提前淘汰补贴标准

补贴时间：2013 年至 2014 年 12 月 31 日   单位：元/辆

车辆类型	补贴时间	2013 年	2014 年 1 月 1 日—6 月 30 日	2014 年 7 月 1 日—9 月 30 日	2014 年 10 月 1 日—12 月 31 日
载客汽车	微型（不含轿车）	6 000	6 000	5 400	4860
	小型（不含轿车）	7 000	7 000	6 300	5670
	中型	11 000	11 000	9 900	8910
	大型	18 000	18 000	16 200	14 580
载货汽车	微型（不包括低速载货汽车和三轮汽车）	6 000	6 000	5 400	4860
	轻型	9 000	9 000	8 100	7290
	中型	13 000	13 000	11 700	10 530
	重型	18 000	18 000	16 200	14 580
轿车	1.35 L 及以上排量	10 000	10 000	9 000	8100
	1（不含）～1.35 L（不含）排量	8 000	8 000	7 200	6480
	1 L 及以下排量轿车	6 000	6 000	5 400	4860
专项作业车		6 000	6 000	5 400	4 860

表 6-17 邯郸市黄标车提前淘汰补贴标准

补贴时间：2013 年 10 月 1 日至 2015 年 6 月 30 日   单位：元/辆

车辆类型		补贴标准
载客汽车	微型（不含轿车）	3 000
	小型（不含轿车）	7 000
	中型	11 000
	大型	15 000
载货汽车	微型	3 000
	轻型	6 000
	中型	11 000
	重型	15 000
轿车	1.35 L 及以上排量	8 000
	1（不含）～1.35 L（不含）排量	6 000
	1 L 及以下排量轿车	3 000

表 6-18　邢台市黄标车提前淘汰补贴标准

补贴时间：2015 年 9 月 2 日至 2015 年 12 月 31 日　　　　　　　　单位：元/辆

车辆类型		补贴标准
载客汽车	微型（不含轿车）	6 000
	小型（不含轿车）	7 000
	中型	11 000
	大型	18 000
载货汽车	微型	6 000
	轻型	9 000
	中型	13 000
	重型	18 000
轿车	1.35 L 及以上排量	10 000
	1（不含）～1.35 L（不含）排量	8 000
	1 L 及以下排量轿车	6 000
牵引车、专项作业车参照货车的标准执行		

表 6-19　保定市黄标车提前淘汰补贴标准

补贴时间：2014 年 9 月 1 日至 2016 年 1 月 31 日　　　　　　　　单位：元/辆

车辆类型		补贴标准
载客汽车	微型（不含轿车）	3 000
	小型（不含轿车）	6 000
	中型	10 000
	大型	18 000
载货汽车	微型	3 000
	轻型	6 000
	中型	10 000
	重型	15 000
轿车	1.35 L 及以上排量	10 000
	1（不含）～1.35 L（不含）排量	6 000
	1 L 及以下排量轿车	3 000
专项作业车		5 000

表 6-20　张家口市黄标车提前淘汰补贴标准

补贴时间：2015 年 1 月 1 日至 2015 年 6 月 30 日　　　　　　　　　　　单位：元/辆

车辆类型		补贴标准
载客汽车	微型（不含轿车）	6 000
	小型（不含轿车）	7 000
	中型	11 000
	大型	18 000
载货汽车	微型	6 000
	轻型	9 000
	中型	13 000
	重型	18 000
轿车	1.35 L 及以上排量	10 000
	1（不含）～1.35 L（不含）排量	8 000
	1 L 及以下排量轿车	6 000

表 6-21　承德市黄标车提前淘汰补贴标准

补贴时间：2013 年 1 月 1 日至 2015 年 12 月 25 日　　　　　　　　　　单位：元/辆

车辆类型		补贴标准
载客汽车	微型（不含轿车）	5 000
	小型（不含轿车）	7 000
	中型	11 000
	大型	18 000
载货汽车	微型	6 000
	轻型	9 000
	中型	13 000
	重型	18 000
轿车	1.35 L 及以上排量	10 000
	1（不含）～1.35 L（不含）排量	8 000
	1 L 及以下排量轿车	6 000

表 6-22　沧州市黄标车提前淘汰补贴标准

补贴时间：2013 年 12 月 6 日至 2015 年 12 月 31 日　　　　　　　　　单位：元/辆

车辆类型	补贴时间	2013 年 12 月 6 日—12 月 31 日	2014 年 1 月 1 日—6 月 30 日	2014 年 7 月 1 日—2015 年 12 月 31 日	
				非营运	营运
载客汽车	微型	4 000	3 200	2 400	2 000
	中型	10 000	8 000	6 000	5 000
	大型	18 000	14 400	10 800	9 000
小型载客汽车	1.4 L（含）以上排量	12 000	9 600	7 200	6 000
	1.4 L（不含）以下排量	10 000	8 000	6 000	5 000
载货汽车	微型	4 000	3 200	2 400	2 000
	轻型	6 000	4 800	3 600	3 000
	中型	10 000	8 000	6 000	5 000
	重型	18 000	14 400	10 800	9 000
全挂牵引车	中型	10 000	8 000	6 000	5 000
	重型	18 000	14 400	10 800	9 000
专项作业车	微型	4 000	3 200	2 400	2 000
	轻（小）型	6 000	4 800	3 600	3 000
	中型	10 000	8 000	6 000	5 000
	大（重）型	18 000	14 400	10 800	9 000

表 6-23　廊坊市黄标车提前淘汰补贴标准

补贴时间：2015 年 1 月 1 日至 2015 年 12 月 31 日　　　　　　　　　单位：元/辆

车辆类型		补贴标准
载客汽车	微型（不含轿车）	5 000
	小型（不含轿车）	7 000
	中型	11 000
	大型	18 000
载货汽车	微型	6 000
	轻型	9 000
	中型	13 000
	重型	18 000
轿车	1.35 L 及以上排量	8 000
	1（不含）～1.35 L（不含）排量	6 000
	1 L 及以下排量轿车	3 000
半挂牵引车和专项作业车按照同类型车辆补贴标准执行		

表 6-24　衡水市黄标车提前淘汰补贴标准

补贴时间：2013 年 10 月 31 日至 2014 年 5 月 31 日　　　　　　　　　　　　单位：元/辆

车辆类型		补贴标准
载客汽车	微型（不含轿车）	6 000
	小型（不含轿车）	7 000
	中型	11 000
	大型	18 000
载货汽车	微型	6 000
	轻型	9 000
	中型	13 000
	重型	18 000
轿车	1.35 L 及以上排量	10 000
	1（不含）～1.35 L（不含）排量	8 000
	1 L 及以下排量轿车	6 000
牵引车、专项作业车参照货车的标准执行		

（3）禁行政策

根据《河北省治理淘汰黄标车工作方案》（冀办字〔2013〕119 号），河北省公安厅制定公布黄标车禁行方案和相关处罚标准，主要包括三个阶段。第一阶段：到 2013 年年底，各设区市和省直管县（市）城市建成区全面禁止黄标车通行，其中黄标公交车全面禁行时间为 2014 年 6 月底。第二阶段：到 2014 年 6 月底，全省所有县（市）城区和高速公路禁止黄标车通行。第三阶段：到 2014 年年底，所有建制镇城区禁止黄标车通行。处罚标准是指对违反禁行规定的黄标车，罚款 100 元，驾驶证记 3 分，每 4 小时处罚一次，每日处罚不超过 2 次。

河北省 11 个地级市的黄标车禁行情况如下：

石家庄的黄标车禁行范围和时间：从 2013 年 5 月 1 日起，石家庄市每日 7 时至 21 时，黄标车禁止在二环路（含）以内区域通行。黄标车违规进入二环路行驶的，按闯禁行路，罚款 100 元；无标车上路行驶的罚款 200 元，记 3 分。从 2014 年 1 月 1 日起，每日全时段禁止黄标车、无标车在三环路（含）以内区域和县（市）、矿区城区内道路上通行。同时，对尾气检测连续两次不达标的黄标车实施强制报废。

唐山市禁行范围：环城路（不含环城路）以内区域；

秦皇岛的黄标车禁行范围和时间：2014 年 1 月 1 日前在海港区（河北大街以北、西环路（不含）以东、北环路（含）以南、东港路（不含）以西）、北戴河区（新驼峰路（不含）以南、108 线（不含）以南）、山海关区（龙海大道（不含）以北、石河东路（含）以东、102 国道以南、关城东路（不含）以西）实施禁行。2014 年 5 月 31 日前完成全市所有城市区（含开发区、北戴河新区）及县域范围禁行区域内黄标车禁行标志划定安装工作。到 2014 年 6 月 1 日前，城市建成区（含开发区、北戴河新区建成区）全面实施黄标车禁行。

邯郸的黄标车禁行范围和时间：到 2013 年年底，在邯郸市主城区中华大街（丛台路至陵园路段）、人民路（滏西大街至陵西大街段）限制黄标车通行。到 2014 年年底，邯郸分 4 个阶段逐步扩大对黄标车的禁行范围，直至所有建制镇城区禁行黄标车通行，对违反禁行的黄标车交警将依法予以罚款并记分，每 4 小时处罚 1 次，每日处罚不超过两次。

邢台的黄标车禁行范围和时间：自 2013 年 10 月起，每日 7 时至 24 时在滨江路、百泉大道、邢州大道、襄都路（含上述四条道路）的围合区域，对黄标车和无标机动车实行限时通行。

保定的黄标车禁行范围和时间：每日 7 时至 21 时，市区天威路、长城大街、七一路和向阳大街形成环路，环路以内（含以上道路）禁止无绿色环保标志车辆（公交车、出租车除外）通行。

张家口的黄标车禁行范围和时间：从 2013 年 9 月 1 日起 7 时至 22 时，黄标车不得在城市中心城区朝阳大街（含）以北，古宏大街（含）以南，西坝岗路、西苑路（含）以东，建国路、胜利中路（含）以西的范围内行驶。到 2014 年，主城区及县城建成区内全面实施黄标车禁行。

承德的黄标车禁行范围和时间：黄标车辆或外埠尾气不合格的车辆不得进入双桥区、双滦区范围内所有城市道路。

沧州的黄标车禁行范围和时间：市区设定长芦大道（不含）、迎宾大道（含）、渤海路（不含）、海河路（不含），迎宾大道（含）、307 国道辅道（不含）、西三环（不含）、沧保公路（不含）等两个区域为黄标车禁行区域。

廊坊的黄标车禁行范围和时间：交警支队在市区南龙道、北凤道、东安路、西昌路沿线设置了 28 块黄标车、无标车禁行标志。

衡水的黄标车禁行范围和时间：衡水市黄标车禁行范围：北外环（不含）以南、南外环（不含）以北、西外环（不含）以东、京衡大街（不含）以西；禁行时间为全天 24 小时。

（4）黄标车提前淘汰政策的实施情况

根据 2011—2015 年中国机动车污染防治年报估算，2010 年，河北省黄标车保有量为 108.5 万辆。2011 年，河北省黄标车保有量为 105.9 万辆。2012 年，河北省黄标车保有量为 101.0 万辆。2013 年，河北省黄标车保有量为 89.5 万辆。2014 年，河北省黄标车保有量为 54 万辆。结合河北省上报给环境保护部的 2015 年 1—11 月黄标车淘汰量 3.464 3 万辆，得到 2015 年河北省黄标车保有量约为 50 万辆。

6.2　总体思路与技术路线

6.2.1　研究范围

对象范围：本研究以黄标车淘汰政策（包括黄标车淘汰补贴政策以及黄标车禁行政策）为研究对象。研究范围包括实施黄标车淘汰政策产生的费用、效益以及对经济社会的影响，并对两项政策的费用效益进行对比分析。

时间范围：本研究以 2015 年为基准年份，考虑京津冀地区黄标车淘汰政策的实施情况，对黄标车淘汰政策的费用效益分析时间范围为 2008—2015 年。由于大气污染对人体健康的影响为长期慢性效应，本研究在计算健康效益时还考虑了不同健康终端健康效益的折现。

区域范围：本研究的空间范围为京津冀地区，主要包括北京、天津和河北各城市。

6.2.2　总体思路

黄标车淘汰政策的制定和实施会对经济社会发展和生态环境等产生影响。一方面，黄标车淘汰政策的制定和实施加速了黄标车的淘汰，从黄标车所有者的角度来看，黄标车的提前淘汰产生的费用主要是被淘汰黄标车的市场价值损失；从政府的角度来看，黄标车淘汰政策的费用主要为黄标车淘汰政策的补贴费用以及政策的执行成本。另一方面，黄标车的加速淘汰将产生效益，从黄标车所有者的角度来看，黄标车提前淘汰可以领取政府的补贴；从全社会的角度，黄标车的提前淘汰，一是能有效减少大气污染物排放，改善环境空气质量，降低居民健康风险，二是带来其他效益，例如，交通事故的减少、交通意外伤亡的减少、黄标车拆解回收利用的收益等。此外，黄标车淘汰政策的制定和实施将对产业结构、税收、就业等方面产生影响。

基于黄标车淘汰政策与经济社会发展、生态环境的关系，本研究将以京津冀地区黄标车淘汰补贴政策和黄标车禁行政策的实施情况为研究内容，通过设置基准情景（不实施政策）、控制情景（实施政策），以京津冀地区黄标车淘汰的数量、补贴标准为基础，按 2015 年不变价格，对黄标车淘汰补贴政策、黄标车禁行政策的费用、效益进行测算和两项政策比较，并对黄标车淘汰补贴政策的经济影响进行分析，评估政策实施的有效性。

6.2.3 技术路线

技术路线详见图 6-6。

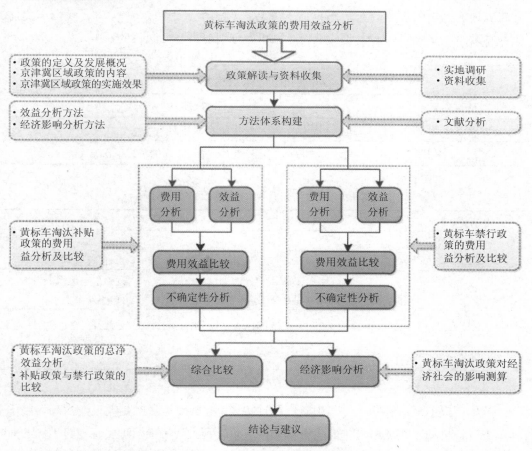

图 6-6 黄标车淘汰政策的费用效益分析技术路线图

6.3 补贴政策的费用效益分析

6.3.1 分析思路

从机动车的购买、使用到逐步淘汰是一个自然形成的过程，黄标车提前淘汰补贴政策主要是加速机动车淘汰的整个过程，其相当于提前淘汰机动车（缩短机动车使用寿命）。因此，设置两个情景。基准情景为机动车自然淘汰，情景1为黄标车提前淘汰政策（包含机动车自然淘汰）。由于本研究是政策实施后评估，机动车自然淘汰可以采用京津冀地区当年的实时数据。表6-25为黄标车淘汰情景说明。表6-26是黄标车提前淘汰补贴政策的影响矩阵，主要从不同对象角度分别解析补贴政策的影响。

表6-25 黄标车淘汰情景

情景分类	情景说明
基准情景	黄标车自然淘汰
情景1	黄标车提前淘汰补贴，带来的黄标车加速淘汰

表6-26 黄标车提前淘汰补贴政策的影响矩阵

对象	正影响	负影响
政府	—	1. 补贴成本 2. 管理成本
居民	1. 补贴收入 2. 环境（健康）效益	1. 黄标车残值损失 2. 购买新车支出
企业	售卖新车收入	—
全社会	环境（健康）效益	管理成本 黄标车残值

黄标车提前淘汰补贴政策是由政府制定实施的。其政策目的是通过淘汰高污染的黄标车来降低机动车排放所带来的大气污染，从而达到大气污染治理目标。对不同的对象拥有不一样的成本与效益。从整个社会成本考虑，黄标车提前淘汰补贴政策所产生的成

本为监督管理成本（政府支出）、淘汰黄标车的残值（个人支出）等，其效益为环境效益以及由此带来的健康效益。从政府角度看，黄标车提前淘汰补贴政策的成本为黄标车补贴、管理成本。而居民角度的黄标车提前淘汰政策的成本为淘汰黄标车的残值、购买新车，其效益则是黄标车补贴、环境效益以及健康效益。对企业而言，该政策是一项利好，其效益为居民的购买新车支出。

黄标车提前淘汰补贴政策对黄标车残值的净影响值需要根据情景 1 与基准情景的计算结果之差来计算。而补贴金额、管理成本、购新车成本等均按照情景 1 的计算结果来计算。

京津冀三地黄标车淘汰政策的开始时间、推进力度、补贴标准、任务完成情况等方面均存在较大差异，因此需要对京津冀三地的黄标车补贴政策的成本和效益分别进行区分和计算。依据黄标车提前淘汰是否有补贴，将淘汰的黄标车分为有补贴和无补贴的黄标车淘汰部分。其中，无补贴的黄标车淘汰部分主要包括行政事业单位和公交、环卫、邮政等行业的黄标车，此部分黄标车数量较少；有补贴的黄标车淘汰部分主要包括私家车、非公企业的车辆等社会车辆。

6.3.2　费用分析

6.3.2.1　费用识别

（1）淘汰黄标车的残值

淘汰黄标车的残值：若黄标车未被淘汰而存在的汽车剩余价值，即汽车残值。不同车辆类型的黄标车残值随时间呈现不一样的变化规律。例如，中小型机动车的残值下降速度会比大型机动车的要快一些。因此需要分别计算不同车型的黄标车残值。

在中小型机动车方面，根据对黄标车淘汰的调查结果，并咨询相关领域专家学者，得到的结论是中小型黄标车淘汰的补贴金额已大致符合该黄标车的汽车残值。但在大型机动车方面，由于部分大型载客、载货汽车的残值比其能得到的补贴金额要多，需要重新计算对大型载客、载货黄标车的汽车残值。淘汰黄标车残值按照情景 1 和基准情景的计算结果之差来进行计算。

（2）补贴金额

补贴金额：是政府角度的黄标车提前淘汰政策的主要成本，由补贴范围、补贴标准、车辆注册时间、补贴车型及淘汰数量等决定。通过对京津冀所有黄标车提前淘汰补贴政策的梳理，得到京津冀各时段各车型不同注册时间的补贴标准。通过对京津冀的年度政府工作报告，年度国民经济和社会发展统计公报，环保、公安等部门官方网站的新闻报道，分别得到京津冀不同时段的黄标车淘汰数量和黄标车补贴金额。补贴金额按照情景1的计算结果来进行计算。

（3）管理成本

监督管理成本是社会和政府角度的黄标车提前淘汰政策的重要成本，主要由环保、公安等部门人员办公运行成本和设备购买费用组成。对京津冀三地各市的环保部门、公安部门的年度预算进行调研，由于预算内容并未明确用于黄标车提前淘汰政策的管理成本，并且这些部门涉及车辆的预算支出部分为数百万元，相较于京津冀地区的几十亿元黄标车淘汰补贴金额或汽车残值来说比较少，不足以对后面的成本计算造成显著影响，因此暂不考虑政府的管理成本。

（4）购新车成本

购新车成本（减去补贴金额后）需要分类型考虑。类型1是黄标车车主拿到淘汰补贴后购买新车，则新车可以分别是高于、等于或低于原黄标车的档次。类型2是黄标车车主拿到淘汰补贴后不购买新车。由于北京、天津的黄标车淘汰任务已结束，河北的黄标车淘汰任务已进入尾声，暂无法准确找到相应黄标车车主并对其进行问卷调查，但老旧车提前淘汰政策正在进行中，可根据老旧车淘汰后的购新车情况进行假设。因此可以假设购买新车的比例，以及在北京老旧车淘汰更新平台的数据基础上进行合理假设，从而得到购新车的比例系数及其购车成本。购新车成本按照情景1的计算结果来进行计算。

（5）黄改绿的技术改造成本

黄改绿的技术改造成本：计算成本时暂不考虑。究其原因：一是黄标车提前淘汰政策的主要目标不是产生黄改绿后的绿标车，而是用来将黄标车淘汰并拆解，并且根据政府新闻及行业新闻的报告，以及咨询相关机动车专家后，得到经技术改造后的黄标车数量占全部黄标车淘汰数量的比例非常小，基本可以忽略不计。二是黄变绿的技术改造成本并不便宜，且改造成功后变为国Ⅰ、国Ⅱ的绿标车，在接下来的老旧车淘汰中还是会被淘汰，对于车主来说黄标车改绿标车的性价比并不高。因此，对总成本来说，黄改绿的技术改造成本占比很小，并不足以影响后面的结果计算。

6.3.2.2　费用计算方法

（1）计算公式

①社会总成本：黄标车残值，即

$$C_t = C_{cv} \qquad\qquad (6\text{-}1)$$

式中，C_t——社会总成本，元；

　　　C_{cv}——黄标车残值，元。

②黄标车残值 C_{cv}：中小车型的黄标车残值主要是相应车型的黄标车淘汰补贴金额，大型的黄标车残值主要提高黄标车原有补贴标准以使其符合现实市场，即

$$C_{cv} = C_{sm} + C_{bc} \qquad\qquad (6\text{-}2)$$

式中，C_{cv}——黄标车残值，元；

　　　C_{sm}——中小车型的黄标车残值，元；

　　　C_{bc}——大型黄标车残值，元。

中小车型的黄标车残值 C_{sm}：

$$C_{sm} = P_{sm} \times V_{sm} \times (1-\sigma) \qquad\qquad (6\text{-}3)$$

式中，C_{sm}——中小车型黄标车残值，元；

　　　P_{sm}——中小车型的黄标车残值标准，元/辆；

　　　V_{sm}——中小车型黄标车数量，辆；

　　　σ——机动车自然淘汰率。

大型黄标车残值 C_{bc}：

$$C_{bc} = P_{bc} \times V_{bc} \times (1-\sigma) \qquad\qquad (6\text{-}4)$$

式中，C_{bc}——大型黄标车残值，元；

　　　P_{bc}——大型的黄标车残值标准，元/辆；

　　　V_{bc}——大型黄标车数量，辆；

　　　σ——机动车自然淘汰率。

机动车自然淘汰率 σ：

$$\sigma = \frac{V_{i\text{-}1} + V_x - V_i}{V_i}$$　　　　　　（6-5）

式中，σ——机动车自然淘汰率；

　　　V_{i-1}——第 i–1 年机动车保有量，辆；

　　　V_x——第 i 年机动车新增注册保有量，辆；

　　　V_i——第 i 年机动车保有量，辆。

③补贴金额 C_p：北京、天津、河北各地市的补贴标准不同，因此需要各省市分别计算补贴金额。不同时段的补贴标准也不相同，因此需要各省市分别依据不同时段的补贴标准计算不同时段的补贴金额；各省市不同车型及车辆注册时间的补贴标准不同，因此需要各省市划分车型及车辆注册时间来分别计算补贴金额；各省市不同淘汰时段的补贴标准与淘汰车型数量的乘积之和，即

$$C_p = C_b + C_t + C_h$$　　　　　　（6-6）

式中，C_p——黄标车提前淘汰的补贴金额，元；

　　　C_b——北京市的补贴金额，元；

　　　C_t——天津市的补贴金额，元；

　　　C_h——河北省的补贴金额，元。

京津冀不同车型数量占机动车总数的比例系数：

$$\phi_j = \frac{H_j}{H}$$　　　　　　（6-7）

式中，ϕ_j——车型 j 在环境统计中的比例系数；

　　　H_j——车型 j 在环境统计中的数量，辆；

　　　H——环境统计中机动车总数，辆。

京津冀地区黄标车中各车型数量：

$$V_j = V \times \phi_j$$　　　　　　（6-8）

式中，V_j——车型 j 在黄标车淘汰中的数量，辆；

　　　V——黄标车淘汰总数量，辆。

北京的补贴金额 C_b：

$$C_b = \sum_{t=1} \sum_{j=1} P_{tj} \times V_{tj} \qquad (6-9)$$

式中，P_{tj}——车型 j 在时间段 t 的补贴标准，元/辆；

$\qquad V_{tj}$——车型 j 在时间段 t 的淘汰车辆数量，辆。

天津的补贴金额 C_t：

$$C_t = \sum_{t=1} \sum_{j=1} P_{tj} \times V_{tj} \qquad (6-10)$$

式中，P_{tj}——车型 j 在时间段 t 的补贴标准，元/辆；

$\qquad V_{tj}$——车型 j 在时间段 t 的淘汰车辆数量，辆。

河北的补贴金额 C_h：

$$C_h = \sum_{t=1} \sum_{j=1} \sum_{r=1} P_{tjr} \times V_{tjr} \qquad (6-11)$$

式中，P_{tjr}——r 地市车型 j 在时间段 t 的补贴标准，元/辆；

$\qquad V_{tjr}$——r 地市车型 j 在时间段 t 的淘汰车辆数量，辆。

④购新车成本：买车系数与平均买车成本的乘积减去领取的补贴金额，即

$$C_n = \alpha \times C_g - C_p \qquad (6-12)$$

式中，C_n——购新车成本，元；

$\qquad \alpha$——领取到补贴后买车的比例系数；

$\qquad C_g$——领取到补贴后平均买车成本，元；

$\qquad C_P$——补贴金额，元。

领取到补贴后平均买车成本 C_g：

$$C_g = (C_1 \times \lambda + C_2 \times \mu + C_3 \times \beta) \times V \qquad (6-13)$$

式中，C_1——第一类购新车成本，元/辆；

$\qquad \lambda$——第一类购新车成本的比例系数；

$\qquad C_2$——第二类购新车成本，元/辆；

$\qquad \mu$——第二类购新车成本的比例系数；

　　C_3——第三类购新车成本，元/辆；

　　β——第三类购新车成本的比例系数；

　　V——黄标车淘汰总数量，辆。

（2）数据来源

①补贴标准

通过对国家汽车以旧换新政策、黄标车提前淘汰政策，以及北京、天津、河北及其11个地市的黄标车提前淘汰政策进行梳理分析，分别得到北京、天津、河北及其11个地市的不同淘汰时间段下不同黄标车车型的淘汰补贴标准。

②淘汰数量

通过对北京、天津、河北及其11个地市的历年年度政府工作报告、历年年度国民经济和社会发展统计公报、环保、公安等部门官方网站的新闻报道进行梳理分析，分别得到北京、天津、河北及其11个地市有补贴条件下的黄标车年度淘汰数量。

③不同车型的比例系数

在2012年环境统计数据中分别统计北京、天津、河北的微型、小型、中型、大型的载客汽车数量和微型、轻型、中型、重型的载货汽车数量，并求得这8类汽车占机动车总数量的比例系数。之后以这些比例系数分别乘以北京、天津、河北的黄标车年度淘汰总数，从而得到北京、天津、河北这8类汽车在黄标车淘汰时的数量。

④购新车的比例系数和成本

依据北京市老旧车淘汰更新平台的车辆更新数据，得到老旧车淘汰后的购买新车的成本和比例关系。基于该成本和比例关系，合理假设黄标车淘汰后购买新车的成本和比例关系。

⑤机动车自然淘汰率

根据《中国统计年鉴》中北京、天津、河北的历年机动车保有量、机动车新增注册量数量，计算得到北京、天津、河北的历年机动车自然淘汰率。

6.3.2.3　费用计算相关系数

（1）黄标车残值 C_{cv}

①中小车型的黄标车残值标准 P_{sm}：北京、天津、河北相应车型的黄标车提前淘汰补贴标准。

②大型黄标车残值标准 P_{bc}：符合市场的大型黄标车剩余价值。

③中小型黄标车数量 V_{sm}：北京、天津、河北相应车型的黄标车提前淘汰数量。

④大型黄标车数量 V_{bc}：北京、天津、河北相应车型的黄标车提前淘汰数量。

⑤机动车自然淘汰率 σ：基于北京、天津、河北历年机动车保有量、机动车新增注册保有量，计算得到北京、天津、河北相应年份的机动车自然淘汰率。

（2）补贴金额 C_p

①补贴标准 P：对北京、天津、河北黄标车淘汰中的不同车型在不同时间段内的补贴标准进行梳理。假设各车型每月的淘汰量是一样的，对一个年度内有多项补贴标准的情况，采取按补贴标准实行的月数来计算年度平均补贴标准，从而得到每年不同车型的补贴标准 P。

②不同车型的比例系数 ϕ：根据 2012 年环境统计中的机动车数据，计算不同车型占机动车总数量的比例，从而分别得到北京、天津、河北不同车型的比例系数 ϕ。

③淘汰数量 V：基于北京、天津、河北的不同车型的比例系数 ϕ 和黄标车年度淘汰数量，分别得到北京、天津、河北有补贴条件下不同车型的黄标车年度淘汰数量 V。

（3）购新车成本 C_n

就领取到补贴后的买车比例这一问题，对机动车领域的专家教授和环境保护部门的相关负责人进行访谈，并对大众、一汽、长安等多家车企的汽车销售情况进行调查。根据访谈和调查结果，并且基于各地车牌等各种现实因素的考虑，为较好地符合现实情况，现假设在黄标车淘汰的 100 位车主中，有 90 位的车主重新购买新车，即领取到补贴后买车的比例系数 α 为 0.9。

根据北京市老旧机动车淘汰更新管理信息系统的车辆更新数据显示，2015 年，36.87% 的车主购买 10 万元以下的新车，23.09% 的车主购买 10 万～20 万元的新车，40.04% 的车主购买 20 万元以上的新车。因此基于此次数据，在黄标车车主购买新车的分布上，现假设 λ 为 40% 的车主购买 C_1 为 8 万元新车，μ 为 20% 的车主购买 C_2 为 15 万元新车，β 为 40% 的车主购买 C_3 为 25 万元新车，从而得到平均购车成本 C_g 为 16.2 万元。

（4）京津冀地区生产总值价格指数

为对比费用效益，需要将费用、效益折算至可比价格。价格指数是测算可比价格的重要参数，本研究根据《中国统计年鉴 2016》《河北经济年鉴 2016》、京津冀地区各城市的价格指数，将 2008—2015 年京津冀地区实施黄标车淘汰政策的费用统一按 2015 年不变价格折算。

6.3.2.4　费用计算结果

（1）京津冀地区黄标车淘汰数量、成本

黄标车提前淘汰补贴政策的社会总成本只是黄标车残值。政府成本是黄标车补贴金额。居民成本包括黄标车残值和购买新车成本。黄标车残值是指因黄标车提前淘汰政策而造成黄标车提前淘汰所损失的汽车残值。而黄标车补贴金额是指政府为黄标车提前淘汰对黄标车车主支付一定补贴金额。原车主购买新车成本是指购买新车成本减去原车主领取相应补贴金额后剩下的成本。

计算结果表明，2008—2015 年，京津冀地区黄标车淘汰数量为 136.22 万辆，其中北京 25.6 万辆，天津 29 万辆，河北 81.62 万辆；而北京、天津、河北领取淘汰补贴的黄标车淘汰数量分别为 21.60 万辆、29.00 万辆、81.62 万辆。京津冀地区黄标车提前淘汰政策的社会总成本（黄标车残值）为 136.87 亿元，其中北京、天津、河北的社会总成本（黄标车残值）分别为 26.20 亿元、25.55 亿元、85.12 亿元。京津冀地区的政府成本（补贴金额）为 102.07 亿元，其中北京、天津、河北的政府成本（补贴金额）分别是 15.19 亿元、23.96 亿元、62.92 亿元。京津冀地区的居民成本（购新车成本+黄标车残值）为 2 020.95 亿元，其中北京、天津、河北的居民成本（购新车成本+黄标车残值）分别是 384.26 亿元、424.41 亿元、1 212.28 亿元。京津冀地区的购新车成本为 1 884.08 亿元，其中北京、天津、河北的购新车成本分别是 358.06 亿元、398.86 亿元、1 127.16 亿元。京津冀地区黄标车淘汰数量和成本见图 6-7。

（2）京津冀地区 13 个城市黄标车淘汰数量、成本

图 6-8 的结果显示，京津冀地区 13 个城市黄标车补贴金额的大小关系：天津＞北京＞沧州＞石家庄＞邯郸＞唐山＞秦皇岛＞保定＞承德＞衡水＞廊坊＞张家口＞邢台，其大小关系表明地区经济发展程度与地区用于黄标车提前淘汰的补贴金额有一定的正相关性。

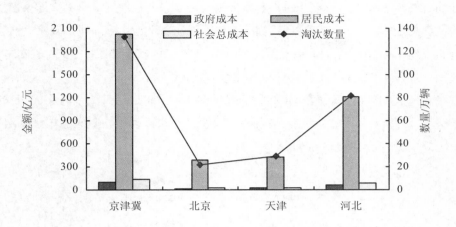

图 6-7 2008—2015 年京津冀地区黄标车淘汰数量和成本

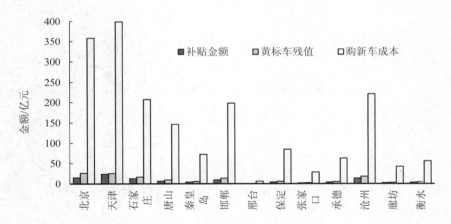

图 6-8 2008—2015 年京津冀地区 13 个地级以上城市黄标车淘汰成本情况

北京、天津、河北三省市的黄标车提前淘汰补贴政策的起止时间有一定差异，导致三省市的黄标车淘汰补贴时间从 2008 年一直延续到 2015 年。其中，北京的补贴时间是从 2008 年到 2010 年，天津的补贴时间是从 2012 年到 2015 年，河北的补贴时间是从 2013 年到 2015 年。三省市黄标车提前淘汰的补贴标准和数量也有一定差异，导致三省市的补贴金额需要分别计算。河北省 11 个地市的黄标车提前淘汰补贴政策的起止时间和补贴标准均有一定差异，这就要求 11 个地市需要分别计算各地市每年度的补贴金额以及相应的社会总成本。其中，2013 年河北省有 6 个地市开展黄标车补贴政策，2014 年河北省有 8 个地市，2015 年河北省有 8 个地市，例如，邯郸于 2013—2015 年实施黄标车补贴政策，邢台于 2015 年实施黄标车补贴政策。

　　京津冀地区的年度淘汰数量和补贴情况见图 6-9。北京、天津、河北、石家庄、唐山、秦皇岛、邯郸、邢台、保定、张家口、承德、沧州、廊坊、衡水的年度淘汰数量和补贴情况分别见表 6-27～表 6-40。

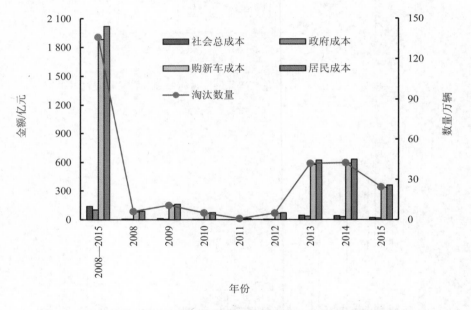

图 6-9　2008—2015 年京津冀地区黄标车年度淘汰数量和补贴情况

表 6-27　2008—2010 年北京黄标车淘汰和补贴情况

年份	2008—2015	2008	2009	2010	2011	2012	2013	2014	2015
淘汰数量/万辆	25.6	6	10.6	5	0.8	0.8	0.88	1.0	0.52
黄标车残值/亿元	26.2	6.58	11.45	3.99	0.86	0.83	0.92	1.04	0.53
补贴金额/亿元	15.19	6.10	5.44	3.56	—	—	—	—	—
购新车成本/亿元	299.74	81.29	149.11	69.34	11.66	11.66	12.83	14.58	7.58
社会总成本/亿元	26.2	6.58	11.45	3.99	0.86	0.83	0.92	1.04	0.53

表 6-28　2012—2015 年天津黄标车淘汰和补贴情况

年份	2012—2015	2012	2013	2014	2015
淘汰数量/万辆	29	4	7	8	10
黄标车残值/亿元	25.55	4.02	7.12	6.50	7.91
补贴金额/亿元	23.96	3.69	6.45	5.98	7.84
购新车成本/亿元	398.86	54.63	95.61	110.66	137.96
社会总成本/亿元	25.55	4.02	7.12	6.50	7.91

表 6-29　2013—2015 年河北黄标车淘汰和补贴情况

年份	2013—2015	2013	2014	2015
淘汰数量/万辆	81.62	34.20	33.59	13.83
黄标车残值/亿元	85.12	37.61	33.51	14.00
补贴金额/亿元	62.92	29.16	24.02	9.74
购新车成本/亿元	1 127.16	469.42	465.76	191.97
社会总成本/亿元	85.12	37.61	33.51	14.00

表 6-30　2013—2015 年河北石家庄黄标车淘汰和补贴情况

年份	2013—2015	2013	2014	2015
淘汰数量/万辆	15.10	9.80	5.30	—
黄标车残值/亿元	16.60	10.70	5.90	—
补贴金额/亿元	12.83	8.33	4.50	—
购新车成本/亿元	207.33	134.55	72.77	—
社会总成本/亿元	16.60	10.70	5.90	—

表 6-31　2013—2015 年河北唐山黄标车淘汰和补贴情况

年份	2013—2015	2013	2014	2015
淘汰数量/万辆	10.50	—	7.30	3.20
黄标车残值/亿元	9.54	—	6.58	2.96
补贴金额/亿元	6.60	—	4.59	2.01
购新车成本/亿元	146.49	—	101.84	44.65
社会总成本/亿元	9.54	—	6.58	2.96

表 6-32　2013—2015 年河北秦皇岛黄标车淘汰和补贴情况

年份	2013—2015	2013	2014	2015
淘汰数量/万辆	5.25	0.63	4.62	—
黄标车残值/亿元	5.60	0.69	4.91	—
补贴金额/亿元	4.18	0.54	3.64	—
购新车成本/亿元	72.37	8.65	63.72	—
社会总成本/亿元	5.60	0.69	4.91	—

表 6-33　2013—2015 年河北邯郸黄标车淘汰和补贴情况

年份	2013—2015	2013	2014	2015
淘汰数量/万辆	14.25	9.00	3.80	1.45
黄标车残值/亿元	13.75	8.60	3.70	1.45
补贴金额/亿元	9.72	6.14	2.59	0.99
购新车成本/亿元	198.08	125.08	52.81	20.19
社会总成本/亿元	13.75	8.60	3.70	1.45

表 6-34　2013—2015 年河北邢台黄标车淘汰和补贴情况

年份	2013—2015	2013	2014	2015
淘汰数量/万辆	0.45	—	—	0.45
黄标车残值/亿元	0.52	—	—	0.52
补贴金额/亿元	0.38	—	—	0.38
购新车成本/亿元	6.20	—	—	6.20
社会总成本/亿元	0.52	—	—	0.52

表 6-35　2013—2015 年河北保定黄标车淘汰和补贴情况

年份	2013—2015	2013	2014	2015
淘汰数量/万辆	6.09	—	4.91	1.18
黄标车残值/亿元	5.90	—	4.73	1.17
补贴金额/亿元	4.09		3.30	0.79
购新车成本/亿元	84.84	—	68.41	16.43
社会总成本/亿元	5.90	—	4.73	1.17

表 6-36　2013—2015 年河北张家口黄标车淘汰和补贴情况

年份	2013—2015	2013	2014	2015
淘汰数量/万辆	2.10	—	—	2.10
黄标车残值/亿元	2.40	—	—	2.40
补贴金额/亿元	1.78	—	—	1.78
购新车成本/亿元	28.84	—	—	28.84
社会总成本/亿元	2.40	—	—	2.40

表 6-37　2013—2015 年河北承德黄标车淘汰和补贴情况

年份	2013—2015	2013	2014	2015
淘汰数量/万辆	4.59	3.29	0.74	0.56
黄标车残值/亿元	5.03	3.57	0.82	0.64
补贴金额/亿元	3.87	2.77	0.62	0.48
购新车成本/亿元	63.04	45.14	10.16	7.74
社会总成本/亿元	5.03	3.57	0.82	0.64

表 6-38　2013—2015 年河北沧州黄标车淘汰和补贴情况

年份	2013—2015	2013	2014	2015
淘汰数量/万辆	16.10	8.70	5.60	1.80
黄标车残值/亿元	18.03	11.02	5.41	1.60
补贴金额/亿元	13.64	9.02	3.66	0.96
购新车成本/亿元	221.10	117.83	77.99	25.28
社会总成本/亿元	18.03	11.02	5.41	1.60

表 6-39   2013—2015 年河北廊坊黄标车淘汰和补贴情况

年份	2013—2015	2013	2014	2015
淘汰数量/万辆	3.09	—	—	3.09
黄标车残值/亿元	3.26	—	—	3.26
补贴金额/亿元	2.35	—	—	2.35
购新车成本/亿元	42.65	—	—	42.65
社会总成本/亿元	3.26	—	—	3.26

表 6-40   2013—2015 年河北衡水黄标车淘汰和补贴情况

年份	2013—2015	2013	2014	2015
淘汰数量/万辆	4.09	2.78	1.31	—
黄标车残值/亿元	4.49	3.03	1.46	—
补贴金额/亿元	3.48	2.36	1.12	—
购新车成本/亿元	56.22	38.17	18.05	—
社会总成本/亿元	4.49	3.03	1.46	—

6.3.3   效益分析

6.3.3.1   效益识别

通过比较基准情景（假设不实施相关政策，只考虑黄标车自然淘汰的情景）与控制情景（实施黄标车淘汰政策的情景），京津冀地区的黄标车淘汰政策实施后，黄标车的加速淘汰主要产生环境效益、健康效益和其他效益。

（1）环境效益

黄标车淘汰补贴政策将有利于加快黄标车的淘汰，黄标车所有者在淘汰黄标车后，一是可能放弃机动车出行，转为公共交通的出行方式，二是可能购买更新、排放更少的机动车来代替黄标车，无论最终是哪一种选择，都将有效减少机动车污染物排放，改善区域环境空气质量。由于新购车数量难以统计，且新购车排放标准较高、污染排放总量相对黄标车减排较小，故此部分抵消的总量减排效益没有计入。

需要注意的是，提前淘汰的黄标车还有一个存活周期残存时间，其环境效益（总量减排效益）在后几年也应有所体现。可以这样理解，假设一辆黄标车在 2001 年购买，在自然淘汰的情况下，可以使用 15 年到 2015 年，但是由于补贴淘汰政策，在 2013 年年初的第 13 个年份时被淘汰，则其总量减排效益在 2013 年、2014 年、2015 年都应该有所体现。为方便计算，本研究在黄标车存活周期残存年的历年内，假设其减排量是相等的。根据商务部、国家发展改革委、公安部、环境保护部令 2012 年第 12 号《机动车强制报废标准规定》，结合相关研究，本研究假设黄标车存活周期残存时间平均为 3 年。

（2）健康效益

机动车污染物排放量的减少，将有效降低空气中对人体有害的污染物浓度，从而降低空气污染对人体健康的影响。

（3）其他效益

黄标车的淘汰，将带来其他效益，例如，交通事故的减少、交通意外伤亡的减少、黄标车拆解回收利用的收益等。在本研究中，考虑上述效益所占比例小，测算难度大，因此并未将其计入总效益中。

6.3.3.2　环境效益

（1）计算方法

1）污染总量减排效益

根据《道路机动车大气污染物排放清单编制技术指南（试行）》（以下简称《指南》）和《城市机动车排放空气污染测算方法》（以下简称《方法》）等技术性指导文件，编制京津冀地区黄标车淘汰政策下的污染物减排量，作为污染总量减排效益。根据《指南》要求，采用排放因子法计算正常行驶的黄标车污染物排放量，作为淘汰该车的减排量。

①黄标车尾气污染物一年排放量

机动车尾气污染物排放量的排放因子法：

$$E_i = \sum_i P_i \times EF_i \times VKT_i \times 10^{-6} \tag{6-14}$$

式中，E_i——京津冀地区第 i 类机动车对应的 CO、HC、NO_x、$PM_{2.5}$ 和 PM_{10} 的年排放量，t（本研究只计算国一前机动车排放量作为黄标车减排量）；

EF_i——i 类型机动车行驶单位里程尾气所排放的污染物的量，即排放因子，t/km（排放因子根据北京、天津、河北各地实测数据确定；如果没有实测数据，则结合三地实际自然气候状况和机动车情况，采用下面的排放因子确定方法计算）；

P——所在地区 i 类型机动车的保有量，辆（本研究只统计京津冀三地的黄标车淘汰量）；

VKT_i——i 类型机动车的年均行驶里程，km/辆；

i——代表不同污染控制水平的机动车类型。

②排放因子 EF_i 的确定

排放因子 EF_i 根据机动车类型确定，不同地区、不同控制水平、不同类型机动车排放因子不同。

$$EF_{i,j}=BEF_i×\Psi_j×\gamma_j×\lambda_i×\theta_i \qquad (6\text{-}15)$$

式中，$EF_{i,j}$——i 类车在 j 地区的排放系数；

BEF_i——i 类车的综合基准排放系数；

Ψ_j——j 地区的环境修正因子；

γ_j——j 地区的平均速度修正因子；

λ_i——i 类车辆的劣化修正因子；

θ_i——i 类车辆的其他使用条件（如负载系数、油品质量等）修正因子。

本研究只需根据京津冀三地实际情况确定黄标车（国 I 前）的修正排放因子。

a. 综合基准排放系数 BEF

《指南》给出了汽油车和柴油车、其他燃料类型的综合基准排放系数 BEF，详见环境效益计算相关系数。该综合基准排放系数基于全国 2014 年各类车辆类型在平均累计行驶里程和典型城市行驶工况（30 km/h）、气象条件（温度为 15℃，相对湿度为 50%）、燃油品质（汽油和柴油硫含量分别为 $50×10^{-6}$ 和 $350×10^{-6}$，汽油无乙醇掺混）和载重系数（柴油车典型工况载重系数为 50%）等情景。具体计算时可以在京津冀地区各城市进行调研实际情况后或者参考京津冀地区相关资料及研究文献，确定更有地区针对性的排放系数。

b. 环境修正因子 Ψ_j 的确定

环境修正因子包括温度修正因子、湿度修正因子和海拔修正因子三部分，其修正公式如下：

$$\Psi_j=\Psi_{Temp}×\Psi_{RH}×\Psi_{Height} \qquad (6\text{-}16)$$

式中，Ψ_{Temp}——温度修正因子；

Ψ_{RH}——湿度修正因子；

Ψ_{Height}——海拔修正因子。

温度、湿度（京津冀地区北部和东北部多山，海拔在 300～600 m；中部为燕山山前平原，海拔在 50 m 以下，地势平坦；南部和西部为滨海盐碱地和洼地草泊，海拔在 15 m 以下。高海拔（1 500 m 以上）气态污染物排放需要修正，京津冀海拔相对较低，不用进行高海拔修正）修正因子见环境效益计算相关系数。表中未列出的，为不需要进行此项修正的污染物或车型。本研究的京津冀机动车排放清单以年为时间尺度进行计算，因此温度和湿度的选取以多年平均气温和湿度为依据。

c. 道路交通状况修正因子 γ_i 的确定

道路交通状况修正因子根据当地车辆平均行驶速度确定，分为低于 20 km/h、20～30 km/h、30～40 km/h、40～80 km/h 和高于 80 km/h 五个速度区间。京津冀各市的平均行驶速度根据各地实际调研或者统计数据计算获取）。公交车通常按照低于 20 km/h 进行修正。具体的修正因子见环境效益计算相关系数。

d. 劣化修正因子 λ_i 的确定

劣化修正因子以 2014 年为基准，2015—2018 年的各类车辆劣化修正。本研究的京津冀黄标车淘汰，为"十一五""十二五"期间的政策，可根据本节数据进行 2015 年排放因子的劣化修正。

e. 其他使用条件 θ_i 的确定

其他使用条件修正主要考虑实际油品含硫量、乙醇汽油的乙醇掺混度和柴油车载重对机动车污染物排放的影响。由于机动车 SO_2 排放量较低，且乙醇汽油的乙醇掺混度数据难以获取，而且和柴油车载重对排放因子影响不大，所以本研究不进行相关修正。

③活动水平的确定

主要是确定京津冀地区各市淘汰的黄标车数量及其年均行驶里程 VKT。淘汰黄标车的数量、车型、所属地等数据可从当地环保部门（机动车年检数据库）或交管部门获得；如不能获取，则从三省市环境统计、污染源普查、统计年鉴（下表的轻型车与《中国交通年鉴》中定义的民用汽车、小型和微型载客汽车以及轻型和微型载货汽车对应；重型车与中型、大型载客汽车，中型、重型载货汽车对应）等数据库中获取相关辅助信息。本研究对于不同燃料类型的不同车型分别计算。由于 6.4.4 中给出了补贴政策下，京津冀各市不同车型的黄标车淘汰量，因此还需要估算各燃料类型黄标车淘汰量。

年均行驶里程 VKT 采用《指南》的经验值。

2）环境质量改善效益

采用第三代空气质量模型进行黄标车淘汰的环境质量改善效益估算。EPA 的 Model3/CMAQ 模式是美国环保局（USEPA）极力推广使用的空气质量模式系统，该模式系统的设计思想是基于一个大气的理念即 "Oneatmosphere"，在一个大气中考虑复杂的空气污染情况，如对流层的臭氧、颗粒物（PM）、毒化物、酸沉降及能见度等问题综合处理。此外，CMAQ 也设计为多层次网格模式。多层次网格即是将模拟的区域分成大小不同的网格范围来分别模拟计算，空间尺度从区域到城市，包含所有可表达的大气物理、化学现象。

CMAQ 模式基本组成包括边界条件处理器 BCON、初始条件处理器 ICON、光解速率处理器 JPROC、气象-污染交互模块 MCIP 及化学传输主模块 CCTM。其中，MCIP 模块主要功能是从 WRF 模式中提取风压温湿及网格等基本气象要素信息。CMAQ 模式需要的输入数据包括满足模型格式要求的排放清单、三维气象场。本项目根据清华大学 MEIC 清单及京津冀地区相关年份环境统计数据建立的污染物排放清单；三维气象场由 WRF 模式提供，通过气象-化学预处理模块 MCIP 转化为 CMAQ 模式所需格式。

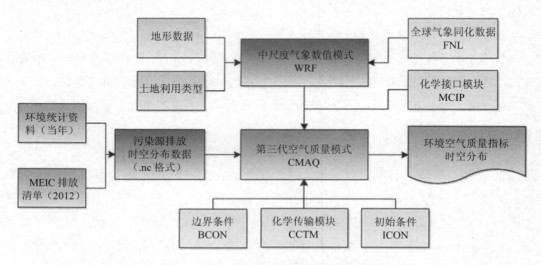

图 6-10　CMAQ 空气质量数值模拟系统计算流程

（2）相关系数

1）污染总量减排

①综合基准排放系数 BEF

《指南》给出了汽油车、柴油车和其他燃料机动车的综合基准排放系数 BEF，详见表 6-41、表 6-42 和表 6-43。用于排放因子 EF_i 的确定，具体见式（6-15）。

表 6-41　汽油黄标车综合基准排放系数

机动车类型		污染物排放情况/（g/km）				
		CO	HC	NO_x	$PM_{2.5}$	PM_{10}
微型、小型客车	国Ⅰ前	6.71	0.663	0.409	0.026	0.029
中型客车	国Ⅰ前	21.43	2.567	1.781	0.06	0.067
大型客车	国Ⅰ前	62.09	5.255	2.645	0.159	0.177
微型、轻型货车	国Ⅰ前	26.16	3.324	2.006	0.06	0.067
中型货车	国Ⅰ前	75.79	6.777	2.979	0.159	0.177
重型货车	国Ⅰ前	75.79	6.759	2.979	0.159	0.177

表 6-42　柴油黄标车综合基准排放系数

机动车类型		污染物排放情况/（g/km）				
		CO	HC	NO_x	$PM_{2.5}$	PM_{10}
小型客车	国Ⅰ前	1.34	0.785	1.324	0.179	0.199
中型客车	国Ⅰ前	3.91	1.493	5.47	1.603	1.781
大型客车	国Ⅰ前	10.53	2.668	12.421	1.286	1.429
轻型货车	国Ⅰ前	3.28	2.097	6.758	0.435	0.483
中型货车	国Ⅰ前	12.05	3.56	10.782	1.322	1.45
重型货车	国Ⅰ前	13.6	4.083	13.823	1.322	1.45

表 6-43　其他燃料各车型综合基准排放系数

机动车类型		污染物排放情况/（g/km）				
		CO	HC	NO_x	$PM_{2.5}$	PM_{10}
小型客车	国Ⅰ前	17.51	2.236	1.721	0.028	0.031
中型客车	国Ⅰ前	9.1	1.92	6	0.099	0.11

②环境修正因子 Ψ_i 的确定

环境修正因子包括温度修正因子、湿度修正因子等部分。不同燃料类型的温度修正因子见表 6-44 和表 6-45 所示。表中未列出的，为不需要进行此项修正的污染物或车型。

　　a. 温度修正

　　以 25℃ 和 10℃ 作为高温和低温的分界线，高于 25℃ 和低于 10℃ 的需要进行温度修正。各车型、各污染物对应的修正因子见表 6-44 和表 6-45。

表 6-44　汽油车温度修正因子

污染物	低温（<10℃）	高温（>25℃）
CO	1.36	1.23
HC	1.47	1.08
NO$_x$	1.15	1.31

注：摩托车不做高温段修正。

表 6-45　柴油车温度修正因子

污染物	机动车类型	低温（<10℃）	高温（>25℃）
CO	小型客车	1.00	1.33
	轻型货车	1.00	1.33
	中型、大型客车、公交车和中型、重型货车	1.00	1.30
HC	小型客车	1.00	1.07
	轻型货车	1.00	1.06
	中型、大型客车、公交车和中型、重型货车	1.00	1.06
NO$_x$	小型客车	1.06	1.17
	轻型货车	1.05	1.17
	中型、大型客车、公交车和中型、重型货车	1.06	1.15
PM$_{2.5}$、PM$_{10}$	微型和小型客车	1.87	0.68
	轻型货车	1.27	0.90
	中型、大型客车、公交车和中型、重型货车	1.70	0.74

　　根据京津冀各地多年平均气温统计数据，可以确定 1 月、2 月、3 月、11 月、12 月温度较低，需要进行低温修正；4 月、5 月、6 月、9 月、10 月气温适中，不需要温度修正；7 月、8 月温度较高，需要进行高温修正。假设各类型机动车各月份平均行驶里程相同，则对基准排放系数，5/12 进行低温修正，2/12 进行高温修正，5/12 不修正。

表 6-46　京津冀地区月均温度及温度修正情况

月份	北京市（2008—2010 年）/℃	天津市（2012—2015 年）/℃	温度修正
1	−3.6	−2.0	低温修正
2	0.2	0.0	低温修正
3	6.7	7.5	低温修正
4	14.3	14.9	不修正
5	21.6	21.9	不修正
6	24.8	24.9	不修正
7	27.6	27.6	高温修正
8	26.1	26.7	高温修正
9	21.1	21.5	不修正
10	14.5	15.0	不修正
11	4.8	5.8	低温修正
12	−1.4	−0.9	低温修正

b. 湿度修正

以 50%作为高低湿度的分界线，湿度高于 50%需要进行高湿修正，否则进行低湿修正。各污染物对应的修正因子见表 6-47～表 6-50。

表 6-47　汽油车湿度修正因子（温度低于 24℃）

污染物	机动车类型	低湿度（＜50%）	高湿度（＞50%）
NO_x	所有车型	1.06	0.92
其他	所有车型	1.00	1.00

表 6-48　柴油车湿度修正因子（温度低于 24℃）

污染物	机动车类型	低湿度（＜50%）	高湿度（＞50%）
NO_x	所有车型	1.04	0.94
其他		1.00	1.00

表 6-49　汽油车湿度修正因子（温度高于 24℃）

污染物	机动车类型	低湿度（＜50%）	高湿度（＞50%）
CO	所有车型	0.97	1.04
HC	所有车型	0.99	1.01
NO_x	所有车型	1.13	0.87

表 6-50　柴油车湿度修正因子（温度高于 24℃）

污染物	机动车类型	低湿度（＜50%）	高湿度（＞50%）
NO$_x$	所有车型	1.12	0.88
其他		1.00	1.00

参考京津冀三个城市北京、天津、石家庄的 2011 年各月平均湿度数据，确定需要进行排放因子湿度修正的权重比例。从表 6-51 可以看出，5/12 进行低温低湿修正，3/12 进行高温高湿修正，4/12 进行低温高湿修正。

表 6-51　北京、天津、石家庄地区 2011 年月均湿度及湿度修正情况

月份	北京/%	天津/%	石家庄/%	温度修正
1	26	34	29	低温低湿修正
2	51	59	50	低温低湿修正
3	25	31	27	低温低湿修正
4	36	42	38	低温低湿修正
5	37	42	48	低温低湿修正
6	52	54	52	高温高湿修正
7	67	67	64	高温高湿修正
8	72	72	77	高温高湿修正
9	60	63	72	低温高湿修正
10	62	61	68	低温高湿修正
11	56	62	72	低温高湿修正
12	47	55	61	低温高湿修正

注：这里的高温指温度高于 24℃，低温指温度低于 24℃，不同于上一小节温度修正中的"高温""低温"；高湿指湿度高于 50%，低湿指湿度低于 50%。

c. 道路交通状况修正因子 γ_j 的确定

具体的道路交通状况修正因子见表 6-52。

表 6-52　汽油车平均速度修正因子

污染物	速度区间/（km/h）				
	<20	20～30	30～40	40～80	>80
CO	1.69	1.26	0.79	0.39	0.62
HC	1.68	1.25	0.78	0.32	0.59
NO_x	1.38	1.13	0.9	0.86	0.96
$PM_{2.5}$、PM_{10}	1.68	1.25	0.78	0.32	0.59

表 6-53　柴油车平均速度修正因子

污染物	排放标准	速度区间/（km/h）				
		<20	20～30	30～40	40～80	>80
CO	国Ⅰ前～国Ⅲ	1.43	1.14	0.89	0.54	0.61
	国Ⅳ～国Ⅴ	1.29	1.1	0.93	0.7	0.61
HC	国Ⅰ前～国Ⅲ	1.41	1.13	0.9	0.61	0.41
	国Ⅳ～国Ⅴ	1.38	1.12	0.91	0.64	0.48
NO_x	国Ⅰ前～国Ⅲ	1.31	1.08	0.93	0.74	0.66
	国Ⅳ～国Ⅴ	1.39	1.12	0.91	0.6	0.28
$PM_{2.5}$、PM_{10}	国Ⅰ前～国Ⅲ	1.22	1.08	0.93	0.71	0.49
	国Ⅳ～国Ⅴ	1.36	1.12	0.91	0.65	0.48

对于平均车速，有研究表明，在市区工况下，机动车平均行驶速度为 15～30 km/h，市郊工况测试车辆平均行驶速度为 40～60 km/h，高速工况下平均行驶速度则大于 70 km/h。另有研究表明，北京市六环内道路的整体平均车速：夜间为 44 km/h，晚高峰为 34 km/h，平峰为 32 km/h，早高峰为 28 km/h。由于微型/小型车以汽油车为主，多为车主市区内上班代步；中型/重型车多为柴油车，多为市郊或长途货运。因此假设汽油车速度按 30～40 km/h、柴油车按 50～70 km/h 进行速度修正。

d. 劣化修正因子 λ_i 的确定

劣化修正因子以 2014 年为基准，2015—2018 年的各类车辆劣化修正。具体因子见表 6-54。本研究只对 2015 年的排放因子进行劣化修正。

表 6-54 汽油机动车排放系数劣化系数

污染物	机动车类型	国 I 前			
		2015 年	2016 年	2017 年	2018 年
CO	微型、小型载客车	1.09	1.17	1.25	1.32
	其他车辆	1.06	1.12	1.17	1.23
	出租车	1.27	1.27	1.27	1.27
HC	微型、小型载客车	1.07	1.14	1.21	1.27
	其他车辆	1.06	1.12	1.17	1.22
	出租车	1.24	1.24	1.24	1.24
NO$_x$	微型、小型载客车	1.01	1.03	1.04	1.05
	其他车辆	1.02	1.03	1.04	1.06
	出租车	1.06	1.06	1.06	1.06

③活动水平相关系数

这里主要确定各类型机动车年均行驶里程数据，参考《指南》给定数据进行活动水平计算。

表 6-55 道路机动车年均行驶里程（VKT）

机动车大类	年均行驶里程（VKT）/km
微型、小型载客车	18 000
出租车	120 000
中型载客车	31 300
大型载客车	58 000
公交车	60 000
微、轻型载货车	30 000
中型载货车	35 000
重型载货车	75 000
摩托车	6 000
低速货车	30 000
三轮汽车	23 000

各类型机动车的排放因子差别很大，需要根据分类计算不同类型黄标车补贴淘汰量，进而计算其总活动水平。首先根据燃料类型将黄标车分为汽油车、柴油车、其他燃料车；然后各类型再进行细分，根据中国统计年鉴对民用机动车的分类和《指南》对机动车的分类，每种类型机动车又分为小型载客汽车、微型载客汽车、中型载客汽车、大型载客汽车，微型载货汽车、轻型载货汽车、中型载货汽车、重型载货汽车。

根据环境统计基础数据中京津冀各市各类型黄标车（国 0）数量，对 3.2 节中的各市历年补贴淘汰的机动车进行不同类型估算，估算结果见附表 1。

2）环境质量改善

①WRF 气象模式

WRF 模式系统是由美国 NCAR、NCEP、FSL/NOAA 等多家研究机构和大学共同研发的新一代中尺度数值模式。WRF 模拟所需要的数据包括初始气象场及边界场、土地利用类型、地形高程、土壤年均温度、植被覆盖率、地面反照率等，其中初始场和边界场采用 NCEP 的 FNL 全球再分析资料（1.0°×1.0°），土地利用类型数据和地形高程数据采用 USGS 数据。

模拟时段：与 CMAQ 模式一致，模拟时段选取模拟年份 1 月、4 月、7 月、10 月 4 个典型月份，分别代表冬季、春季、夏季和秋季，模拟时间间隔为 1h。

模拟区域：采用兰伯特投影坐标，网格设置采用 3 重嵌套，垂直层均为 28 层。第一层模拟区域分辨率为 27 km，覆盖中国东部大部分地区，包括华北、华东和华南等地；第二层模拟区域分辨率为 9 km，主要覆盖华北地区；第三层模拟区域分辨率为 3km，主要覆盖京津冀地区。

参数化方案：WRF 模式提供多种物理过程方案选择，主要包括微物理过程方案、积云参数化方案、长波辐射、短波辐射、边界层方案、陆面过程方案以及次网格扩散方案等。微物理方案包括 Kessler 方案、Lin 方案、WSM3、WSM5、WSM6、Eta 微物理、Goddard 微物理、Thompson 方案、Morrison 方案；积云对流方案包括 Kain-Fritsch 方案、Grell 集合方案和 Betts-Miller-Janjic 方案；短波辐射方案包括 Dudhia（MM5）方案、Goddard 方案以及 GFDL 短波方案；长波辐射方案包括 RRTM 方案、GFDL 方案和 CAM 方案；扰动方案包括预报 TKE 方案、Smagorinsky 方案以及稳定扩散方案；地面层方案包括相似理论方案、MYJ 方案及 Menin-Obukhov 方案；陆面方案包括 5 层土壤模式方案、RUC 陆面模式方案、Noah 统一的陆面模式方案；边界层方案包括 MRF 方案、MYJ 方案、YSU 方案。本研究采用的主要参数化方案如表 6-56 所示。

表 6-56   WRF 参数化方案选择

参数化方案	所选方案名称
微物理过程方案	Lin 方案
长波辐射方案	RRTM 方案
短波辐射方案	Dudhia 方案
边界层方案	MYJ 方案
陆面过程方案	Noah-LSM 方案
积云对流方案	BMJ 方案

②CMAQ 模式

CMAQ 模式需要的输入数据包括满足模型格式要求的排放清单、三维气象场、模拟区域边界条件、模拟时间初始条件、光化学反应速率等。CMAQ 所需边界条件和初始条件均采用模式默认参数生成。在模拟过程中，主要的模拟参数与气象场模拟中的参数保持衔接，包括：

模拟时段：选取模拟年份 1 月、4 月、7 月、10 月 4 个典型月份，分别代表冬季、春季、夏季和秋季，模拟时间间隔为 1h。4 个月份的平均值代表全年平均。各模拟月前 5 天模拟时间作为 "spin-up" 时间，以减少初始条件的影响效益。

模拟区域：采用兰伯特投影坐标，模拟区域小于 WRF 模拟区域，网格间距 9km，覆盖京津冀所在的华北地区。模拟区域垂直方向共设置 9 个气压层，层间距自下而上逐渐增大。

模式参数：CMAQ 模式提供多种参数化方案设置，本项目所用的参数设置见表 6-57。

表 6-57   CMAQ 模式参数设置

模式参数	相关设置
水平对流方案	Hyamo
垂直对流方案	Vyamo
水平扩散方案	Multiscale
垂直扩散方案	ACM2_inline
干沉降方案	Aero_depv2
气相化学机制	CB05
气溶胶化学机制	Aero5
光化学速率	On-line
网格烟羽模块	关

（3）计算结果

1）污染总量减排效益

通过 6.3.3.2 的计算方法和相关系数，计算得到京津冀 13 个地市有黄标车淘汰补贴政策以来，不同车型、不同燃料类型黄标车淘汰的主要大气污染物减排量。由于淘汰的黄标车有存活周期残存年，假设为 3 年，则其总量减排效益可对后两年继续产生影响。汇总结果见表 6-58 至表 6-85。

表 6-58　北京市黄标车补贴淘汰政策下的主要污染物减排量　　单位：t

年份	污染物类型				
	CO	HC	NO$_x$	PM$_{2.5}$	PM$_{10}$
2008	10 469.7	1 177.62	1 411.07	116.71	128.98
2009	28 966.17	3 258.09	3 903.96	322.9	356.84
2010	37 690.88	4 239.44	5 079.85	420.16	464.32
2011	27 221.18	3 061.82	3 668.78	303.45	335.34
2012	8 724.71	981.35	1 175.89	97.26	107.48

表 6-59　北京市黄标车补贴淘汰政策下的主要污染物减排占当年机动车排放量比例　　单位：%

年份	污染物类型				
	CO	HC	NO$_x$	PM$_{2.5}$	PM$_{10}$
2008	1.46	1.56	1.93	3.69	3.67
2009	3.68	3.85	4.91	9.33	9.29
2010	4.16	4.26	5.73	10.83	10.77
2011	3.04	3.11	4.29	7.58	7.54
2012	1.12	1.14	1.47	2.65	2.64

表 6-60　天津市黄标车补贴淘汰政策下的主要污染物减排量　　单位：t

年份	污染物类型				
	CO	HC	NO$_x$	PM$_{2.5}$	PM$_{10}$
2012	5 854.41	769.73	1 399.46	120.12	132.67
2013	16 725.79	2 174.55	3 758.94	328.08	362.39
2014	29 166.61	3 780.88	6 453.51	565.33	624.46
2015	40 010.22	5 115.37	8 434.21	741.77	819.38

表 6-61　天津市黄标车补贴淘汰政策下的主要污染物减排占当年机动车排放量比例　　　单位：%

年份	污染物类型				
	CO	HC	NO$_x$	PM$_{2.5}$	PM$_{10}$
2012	1.31	1.51	2.59	2.03	2.01
2013	3.70	4.24	6.75	5.82	5.78
2014	6.04	6.94	10.48	9.09	9.04
2015	8.18	9.29	13.65	12.10	12.03

表 6-62　石家庄市黄标车补贴淘汰政策下的主要污染物减排量　　　单位：t

年份	污染物类型				
	CO	HC	NO$_x$	PM$_{2.5}$	PM$_{10}$
2013	22 390.4	3 456.03	7 718.83	763.81	840.18
2014	35 398.94	5 380.05	11 774.1	1 161.82	1 277.98
2015	35 398.94	5 380.05	11 774.1	1 161.82	1 277.98

表 6-63　石家庄市黄标车补贴淘汰政策下的主要污染物减排占当年机动车排放量比例　　　单位：%

年份	污染物类型				
	CO	HC	NO$_x$	PM$_{2.5}$	PM$_{10}$
2013	9.36	11.06	11.03	12.29	12.17
2014	12.90	14.77	17.71	19.68	19.47
2015	12.37	14.46	17.96	20.45	20.18

表 6-64　唐山市黄标车补贴淘汰政策下的主要污染物减排量　　　单位：t

年份	污染物类型				
	CO	HC	NO$_x$	PM$_{2.5}$	PM$_{10}$
2014	18 971.09	2 716.71	5 420.47	527.23	579.68
2015	27 787.14	3 953.65	7 803.51	758.34	833.79

表 6-65　唐山市黄标车补贴淘汰政策下的主要污染物减排占当年机动车排放量比例　　　单位：%

年份	污染物类型				
	CO	HC	NO$_x$	PM$_{2.5}$	PM$_{10}$
2014	5.77	6.78	8.63	10.16	10.05
2015	7.47	8.70	11.49	13.64	13.49

表 6-66　秦皇岛市黄标车补贴淘汰政策下的主要污染物减排量　　　单位：t

年份	污染物类型				
	CO	HC	NO$_x$	PM$_{2.5}$	PM$_{10}$
2013	1 694.07	239.54	465.8	45.05	49.55
2014	14 365.3	2 010.78	3 847.22	370.56	407.53
2015	14 365.3	2 010.78	3 847.22	370.56	407.53

表 6-67　秦皇岛市黄标车补贴淘汰政策下的主要污染物减排占当年机动车排放量比例　　　单位：%

年份	污染物类型				
	CO	HC	NO$_x$	PM$_{2.5}$	PM$_{10}$
2013	1.03	1.13	1.27	1.11	1.10
2014	8.56	9.10	10.99	9.59	9.49
2015	8.62	9.22	11.43	9.79	9.68

表 6-68　邯郸市黄标车补贴淘汰政策下的主要污染物减排量　　　单位：t

年份	污染物类型				
	CO	HC	NO$_x$	PM$_{2.5}$	PM$_{10}$
2013	24 774.68	3 427.87	6 546.56	633.97	697.55
2014	35 523.81	4 892.15	9 279.05	898.39	988.54
2015	39 881.3	5 474.57	10 326.9	999.46	1 099.77

表 6-69　邯郸市黄标车补贴淘汰政策下的主要污染物减排占当年机动车排放量比例　　　单位：%

年份	污染物类型				
	CO	HC	NO$_x$	PM$_{2.5}$	PM$_{10}$
2013	11.40	9.90	9.78	7.25	7.18
2014	14.93	12.72	13.90	10.26	10.16
2015	14.55	12.36	14.06	10.46	10.36

表 6-70　邢台市黄标车补贴淘汰政策下的主要污染物减排量　　　单位：t

年份	污染物类型				
	CO	HC	NO$_x$	PM$_{2.5}$	PM$_{10}$
2015	1 269.20	174.76	335.11	32.30	35.55

表 6-71　邢台市黄标车补贴淘汰政策下的主要污染物减排占当年机动车排放量比例　　单位：%

年份	污染物类型				
	CO	HC	NO$_x$	PM$_{2.5}$	PM$_{10}$
2015	0.32	0.38	0.69	3.27	3.24

表 6-72　保定市黄标车补贴淘汰政策下的主要污染物减排量　　单位：t

年份	污染物类型				
	CO	HC	NO$_x$	PM$_{2.5}$	PM$_{10}$
2014	14 770.83	1 955.8	3 431.58	323.69	356.12
2015	18 534.4	2 445.46	4 258.76	401.43	441.65

表 6-73　保定市黄标车补贴淘汰政策下的主要污染物减排占当年机动车排放量比例　　单位：%

年份	污染物类型				
	CO	HC	NO$_x$	PM$_{2.5}$	PM$_{10}$
2014	2.76	3.17	4.16	15.06	14.81
2015	3.01	3.44	4.71	18.62	18.33

表 6-74　张家口市黄标车补贴淘汰政策下的主要污染物减排量　　单位：t

年份	污染物类型				
	CO	HC	NO$_x$	PM$_{2.5}$	PM$_{10}$
2015	5 864.69	827.99	1 541.40	149.42	164.10

表 6-75　张家口市黄标车补贴淘汰政策下的主要污染物减排占当年机动车排放量比例　　单位：%

年份	污染物类型				
	CO	HC	NO$_x$	PM$_{2.5}$	PM$_{10}$
2015	9.53	13.48	12.47	17.32	16.32

表 6-76　承德市黄标车补贴淘汰政策下的主要污染物减排量　　单位：t

年份	污染物类型				
	CO	HC	NO$_x$	PM$_{2.5}$	PM$_{10}$
2013	13 037.31	1 502.87	1 925.57	168.15	185.26
2014	15 979.89	1 841.86	2 358.72	205.63	226.53
2015	18 363.17	2 113.2	2 690.91	234.2	257.99

表 6-77　承德市黄标车补贴淘汰政策下的主要污染物减排占当年机动车排放量比例　　　单位：%

年份	污染物类型				
	CO	HC	NO$_x$	PM$_{2.5}$	PM$_{10}$
2013	20.80	18.87	12.62	12.82	12.71
2014	24.09	21.67	15.26	15.54	15.40
2015	26.03	23.33	17.71	18.16	17.99

表 6-78　沧州市黄标车补贴淘汰政策下的主要污染物减排量　　　单位：t

年份	污染物类型				
	CO	HC	NO$_x$	PM$_{2.5}$	PM$_{10}$
2013	18 593.85	2 888.19	7 020.7	664.83	731.59
2014	30 073.73	4 741.07	11 577.08	1 105.39	1 216.2
2015	33 980.66	5 355.13	13 044.06	1247	1 371.97

表 6-79　沧州市黄标车补贴淘汰政策下的主要污染物减排占当年机动车排放量比例　　　单位：%

年份	污染物类型				
	CO	HC	NO$_x$	PM$_{2.5}$	PM$_{10}$
2013	5.97	7.37	10.37	8.54	8.46
2014	8.40	10.88	15.60	12.85	12.72
2015	8.45	10.93	16.05	13.33	13.19

表 6-80　廊坊市黄标车补贴淘汰政策下的主要污染物减排量　　　单位：t

年份	污染物类型				
	CO	HC	NO$_x$	PM$_{2.5}$	PM$_{10}$
2015	5 122.70	943.51	2 701.23	266.63	293.38

表 6-81　廊坊市黄标车补贴淘汰政策下的主要污染物减排占当年机动车排放量比例　　　单位：%

年份	污染物类型				
	CO	HC	NO$_x$	PM$_{2.5}$	PM$_{10}$
2015	1.66	2.15	4.90	5.18	5.13

表 6-82　衡水市黄标车补贴淘汰政策下的主要污染物减排量　　　单位：t

年份	污染物类型				
	CO	HC	NO$_x$	PM$_{2.5}$	PM$_{10}$
2013	4 548.54	844.76	2 402.78	242.87	267.26
2014	6 794.42	1 251	3 529.04	356.3	392.08
2015	6 794.42	1 251	3 529.04	356.3	392.08

表 6-83　衡水市黄标车补贴淘汰政策下的主要污染物减排占当年机动车排放量比例　　　单位：%

年份	污染物类型				
	CO	HC	NO$_x$	PM$_{2.5}$	PM$_{10}$
2013	3.97	5.55	12.30	13.08	12.95
2014	4.99	6.96	15.95	16.92	16.76
2015	4.85	6.93	17.89	19.25	19.02

表 6-84　河北省黄标车补贴淘汰政策下的主要污染物减排量　　　单位：t

年份	污染物类型				
	CO	HC	NO$_x$	PM$_{2.5}$	PM$_{10}$
2013	85 038.85	12 359.26	26 080.24	2 518.68	2 771.39
2014	171 878	24 789.42	51 217.26	4 949.01	5 444.66
2015	207 361.9	29 930.1	61 852.24	5 977.46	6 575.79

表 6-85　河北省黄标车补贴淘汰政策下的主要污染物减排占当年机动车排放量比例　　　单位：%

年份	污染物类型				
	CO	HC	NO$_x$	PM$_{2.5}$	PM$_{10}$
2013	3.39	3.88	4.98	5.83	5.77
2014	6.16	6.99	9.55	11.34	11.23
2015	6.70	7.65	10.99	13.28	13.13

北京市黄标车淘汰补贴政策在 2008—2010 年执行力度较大，淘汰大量黄标车，CO、HC、NO_x 等污染物减排量都较大，特别是 2010 年减排量最大，减排效益显著。

天津市从 2012—2015 年都有黄标车淘汰补贴政策，且淘汰量逐年增大，各项污染物减排效益也逐年增大。

"十二五"期间，河北省各市黄标车淘汰补贴政策执行年份不一致，大多数集中在 2013—2015 年。石家庄、秦皇岛、邯郸市、沧州市、承德市、衡水市在 2013 年、2014 年执行力度较大，由于黄标车存活周期残存年的影响，污染物减排效益在 2015 年最为显著；唐山市、保定市在 2014 年、2015 年执行该政策，其中 2015 年减排效益显著；邢台市、张家口市、廊坊市在 2015 年有该政策，取得一定的减排效益。

与京津冀三地主要大气污染物实际排放量对比可知，该区域黄标车补贴淘汰政策的大气污染物减排效益主要体现在 NO_x 减排效益。2010 年黄标车补贴淘汰的 NO_x 减排占北京市 NO_x 排放量的 2.28%；2015 年天津市该比例也达到 3.42%；2015 年河北省该比例达到 4.58%。总体来看，黄标车补贴淘汰政策的减排效益为正，对于颗粒物减排也有一定效果。即使在地区污染排放总量上升的情况下，该政策也会平衡一定的污染物新增量，对地位环境效益产生正向作用。

表 6-86　北京市主要污染物排放总量　　　　　　　　　单位：万 t

年份	2008	2009	2010	2011	2012	2013	2014	2015
NO_x	17.60	18.10	22.30	18.83	17.75	16.63	15.1	13.76
烟粉尘	6.36	6.34	7.00	6.58	6.68	5.93	5.74	4.94
PM_{10}	5.66	5.65	6.23	5.86	5.95	5.28	5.11	4.40
$PM_{2.5}$	3.85	3.84	4.24	3.98	4.04	3.59	3.47	2.99

注：PM_{10}、$PM_{2.5}$ 通过换算系数计算得到，下同。

表 6-87　北京市黄标车补贴淘汰减排量占排放量比例　　　　　　　单位：%

年份	2008	2009	2010	2011	2012	2013	2014	2015
NO_x	0.80	2.16	2.28	1.95	0.66	0.00	0.00	0.00
PM_{10}	0.23	0.63	0.75	0.57	0.18	0.00	0.00	0.00
$PM_{2.5}$	0.30	0.84	0.99	0.76	0.24	0.00	0.00	0.00

表 6-88   天津市主要污染物排放总量   单位：万 t

年份	2012	2013	2014	2015
NO_x	33.42	31.17	28.23	24.68
烟粉尘	8.39	8.76	13.95	10.07
PM_{10}	7.47	7.79	12.42	8.96
$PM_{2.5}$	5.08	5.30	8.44	6.09

表 6-89   天津市黄标车补贴淘汰减排量占比   单位：%

年份	2012	2013	2014	2015
NO_x	0.42	1.21	2.29	3.42
PM_{10}	0.18	0.47	0.50	0.91
$PM_{2.5}$	0.24	0.62	0.67	1.22

表 6-90   河北省主要污染物排放总量   单位：万 t

年份	2013	2014	2015
NO_x	161.81	151.25	135.09
烟粉尘	131.33	179.77	144.70
PM_{10}	116.88	160.00	128.78
$PM_{2.5}$	79.48	108.80	87.57

表 6-91   河北省黄标车补贴淘汰减排量占排放量比例   单位：%

年份	2013	2014	2015
NO_x	1.61	3.39	4.58
PM_{10}	0.24	0.34	0.51
$PM_{2.5}$	0.32	0.45	0.68

2）环境质量改善效益

通过环境效益的计算方法和相关系数，可以计算得到京津冀 13 个地市有黄标车淘汰政策以来，因主要大气污染物减排而导致的环境质量改善效益，通过估算主要大气污染物年均浓度衡量。

表 6-92　黄标车补贴淘汰政策下的 NO_2 年均改善效益　　　　单位：$\mu g/m^3$

城市	2008 年	2009 年	2010 年	2011 年	2012 年	2013 年	2014 年	2015 年
北京	0.39	1.07	1.39	1.00	0.32	0.00	0.00	0.00
天津	0.00	0.00	0.00	0.00	0.24	0.64	0.64	2.10
石家庄	0.00	0.00	0.00	0.00	0.00	3.38	6.79	6.79
唐山	0.00	0.00	0.00	0.00	0.00	0.00	2.11	2.19
秦皇岛	0.00	0.00	0.00	0.00	0.00	0.24	1.36	1.36
邯郸	0.00	0.00	0.00	0.00	0.00	1.88	3.14	3.87
邢台	0.00	0.00	0.00	0.00	0.00	0.00	0.00	0.04
保定	0.00	0.00	0.00	0.00	0.00	0.00	0.49	0.57
张家口	0.00	0.00	0.00	0.00	0.00	0.00	0.00	0.16
承德	0.00	0.00	0.00	0.00	0.00	2.70	3.17	3.21
沧州	0.00	0.00	0.00	0.00	0.00	3.97	5.16	7.69
廊坊	0.00	0.00	0.00	0.00	0.00	0.00	0.00	2.35
衡水	0.00	0.00	0.00	0.00	0.00	1.41	2.55	2.55

表 6-93　黄标车补贴淘汰政策下的 PM_{10} 年均改善效益　　　　单位：$\mu g/m^3$

城市	2008 年	2009 年	2010 年	2011 年	2012 年	2013 年	2014 年	2015 年
北京	0.42	1.17	1.52	1.10	0.35	0.00	0.00	0.00
天津	0.00	0.00	0.00	0.00	0.44	1.20	2.40	2.62
石家庄	0.00	0.00	0.00	0.00	0.00	0.36	0.52	0.52
唐山	0.00	0.00	0.00	0.00	0.00	0.00	1.52	1.92
秦皇岛	0.00	0.00	0.00	0.00	0.00	0.01	0.06	0.06
邯郸	0.00	0.00	0.00	0.00	0.00	0.30	0.41	0.46
邢台	0.00	0.00	0.00	0.00	0.00	0.00	0	0.01
保定	0.00	0.00	0.00	0.00	0.00	0.00	0.61	0.76
张家口	0.00	0.00	0.00	0.00	0.00	0.00	0.00	0.50
承德	0.00	0.00	0.00	0.00	0.00	0.08	0.11	0.11
沧州	0.00	0.00	0.00	0.00	0.00	0.73	0.99	1.22
廊坊	0.00	0.00	0.00	0.00	0.00	0.00	0.00	0.21
衡水	0.00	0.00	0.00	0.00	0.00	0.54	0.81	0.81

表 6-94　黄标车补贴淘汰政策下的 PM$_{2.5}$ 年均改善效益　　　　　单位：μg/m^3

城市	2008 年	2009 年	2010 年	2011 年	2012 年	2013 年	2014 年	2015 年
北京	0.22	0.61	0.79	0.57	0.18	0.00	0.00	0.00
天津	0.00	0.00	0.00	0.00	0.06	0.16	0.79	1.05
石家庄	0.00	0.00	0.00	0.00	0.00	0.97	1.13	1.13
唐山	0.00	0.00	0.00	0.00	0.00	0.00	0.61	0.92
秦皇岛	0.00	0.00	0.00	0.00	0.00	0.02	0.06	0.06
邯郸	0.00	0.00	0.00	0.00	0.00	0.28	0.33	0.40
邢台	0.00	0.00	0.00	0.00	0.00	0.00	0.00	0.01
保定	0.00	0.00	0.00	0.00	0.00	0.00	0.40	0.49
张家口	0.00	0.00	0.00	0.00	0.00	0.00	0.00	0.29
承德	0.00	0.00	0.00	0.00	0.00	0.11	0.13	0.13
沧州	0.00	0.00	0.00	0.00	0.00	0.67	0.82	0.96
廊坊	0.00	0.00	0.00	0.00	0.00	0.00	0.00	0.30
衡水	0.00	0.00	0.00	0.00	0.00	0.58	0.72	0.72

　　黄标车淘汰补贴政策对于京津冀地区主要大气污染物的环境质量改善具有一定的作用。北京市淘汰政策主要是在 2008—2010 年实施，导致 NO$_2$ 年均浓度在该年份有较为明显的改善，并在后续两年继续具有改善效益，表 6-92 所示，2008—2012 年北京市 NO$_2$ 年均浓度下降在 0.32～1.39 μg/m^3，同时北京市 PM$_{10}$ 和 PM$_{2.5}$ 年均浓度也有不同程度下降，表 6-93 和表 6-94 所示，前者在 0.35～1.52 μg/m^3，后者在 0.18～0.79 μg/m^3。天津市黄标车淘汰政策的环境质量改善效益较明显，其中 2015 年 PM$_{10}$ 浓度下降达到 2.62 μg/m^3，PM$_{2.5}$ 浓度下降也达到 1.05ug/m^3。河北省各市黄标车淘汰政策的环境质量改善效益差别较大，石家庄市、邯郸市、沧州市、承德市、衡水市在 2014 年、2015 年的改善效益较其他市更为显著。

　　对比京津冀三地主要大气污染物实际年均浓度数据可知，该区域黄标车淘汰政策的大气污染物环境质量改善效益主要体现在氮氧化物质量改善，特别是天津市和河北省，黄标车淘汰质量改善效益明显，其中河北省 2015 年对氮氧化物改善幅度达 6.08%，天津市 2015 年达 5.00%。总体来看，黄标车淘汰政策的环境质量改善效益为正，对于颗粒物质量改善也有明显效果，2010 年北京市 PM$_{10}$ 浓度改善达到 1.26%，PM$_{2.5}$ 达到 0.83%；2015 年天津市 PM$_{10}$ 浓度改善达到 2.26%，PM$_{2.5}$ 达到 1.50%；河北省 2015 年 PM$_{10}$ 浓度改善达到 0.44%，PM$_{2.5}$ 达到 0.64%。

表 6-95　北京市相关大气污染物浓度及黄标车淘汰政策改善占比

	年均浓度/（μg/m³）					改善占浓度比例/%				
	2008 年	2009 年	2010 年	2011 年	2012 年	2008 年	2009 年	2010 年	2011 年	2012 年
NO_x	49	53	57	55	52	0.80	2.02	2.44	1.82	0.62
PM_{10}	122	121	121	114	109	0.34	0.97	1.26	0.96	0.32
$PM_{2.5}$	96	95	95	90	86	0.23	0.64	0.83	0.63	0.21

注：缺失年份 $PM_{2.5}$ 监测数据通过换算系数计算得到，下同。

表 6-96　天津市相关大气污染物浓度及黄标车淘汰政策改善占比

	年均浓度/（μg/m³）				改善占浓度比例/%			
	2012 年	2013 年	2014 年	2015 年	2012 年	2013 年	2014 年	2015 年
NO_x	42	54	54	42	0.14	1.19	1.19	5.00
PM_{10}	105	150	133	116	0.42	0.80	1.80	2.26
$PM_{2.5}$	65	96	83	70	0.09	0.17	0.95	1.50

表 6-97　河北省相关大气污染物浓度及黄标车淘汰政策改善占比

	年均浓度/（μg/m³）			改善占浓度比例/%		
	2013 年	2014 年	2015 年	2013 年	2014 年	2015 年
NO_x	51	47	46	2.42	4.79	6.08
PM_{10}	190	164	136	0.10	0.28	0.44
$PM_{2.5}$	108	95	77	0.22	0.40	0.64

6.3.3.3　健康效益

（1）计算方法

根据环境健康价值评估理论，控制大气污染物所带来的健康效益的评估思路通常分为两个步骤，首先分析并估算大气污染物浓度降低带来的个体健康终端的健康效应变化（环境健康风险评估），其次对该健康效应进行货币化评估（环境健康价值评估），计算健康改善带来的经济效益（图 6-11）。

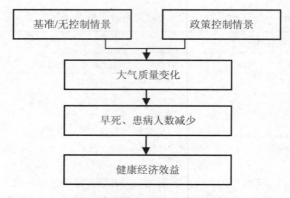

图 6-11　健康经济效益评估思路

考虑京津冀地区黄标车淘汰政策内容及实施效果的差异，本研究将对北京、天津及河北各城市分别测算健康效益。黄标车淘汰政策的环境效益测算的时间范围为各城市政策实施起始年至 2015 年。通过模拟和测算基准情景、控制情景中各城市每年的 $PM_{2.5}$ 浓度，根据暴露人口，应用暴露-反应关系模型确定不同情景下大气污染的健康效应，并对健康效应进行货币化。最后按城市分别汇总效益测算结果，估算出京津冀各城市实施黄标车淘汰政策的健康效益。

1）环境健康风险评估方法

①影响健康的空气污染因子

机动车排放的废气中含有 150～200 种不同的化合物，由于机动车废气的排放主要在近地面 0.3～2 m，恰好是人类的呼吸范围，对人体的健康损害非常严重。其中对人体危害最大的污染物主要包括一氧化碳、碳氢化合物、氮氧化物、颗粒物等。国内外大量流行病学研究证实，颗粒物是对人体危害最大的大气污染物，暴露在颗粒物中，会对人体的呼吸系统和心血管系统造成损害。其中细颗粒物（$PM_{2.5}$）的直径更小，表面可以吸附重金属和微生物，并且可以突破屏障进入细胞和血液循环，对人体的危害更大。因此，本研究选取细颗粒物（$PM_{2.5}$）作为污染因子来评价对人体健康的影响。

②健康终端的选取

本研究以评价大气污染的长期慢性健康效应的经济损失为主要目的，根据健康效应终端选取原则，选择与大气污染相关性较强的一些呼吸系统疾病和心脑血管系统疾病作为健康效应终端，主要包括死亡率、住院人次、门诊人次、未就诊人次和因病休工等可计量指标。具体包括指标见表 6-98。

表 6-98　大气污染健康效应终端

分类	指标
全因死亡率	慢性效应死亡率
	急性效应死亡率
住院	呼吸系统疾病
	心血管疾病
因病休工	慢性支气管炎

③暴露-反应关系

大气污染对人体健康的影响用污染物与健康危害终端的剂量（暴露）-反应函数表示，即大气污染水平同暴露人口的健康危害终端之间呈统计学相关关系，在控制其他干扰因素后，通过回归分析，估计出主要污染物单位浓度变化对暴露人口的健康危害终端的相关系数 β。目前的研究认为，大气污染健康终端的相对危险度（RR）基本上符合一种污染物浓度的线性或对数线性的关系，即

线性关系：

$$RR = \exp[\beta(C - C_0)] \tag{6-17}$$

对数线性关系：

$$RR = \exp[\alpha + \beta \ln(C)] / \exp[\alpha + \beta \ln(C_0)] = (C / C_0)\beta$$

为了避免上式中出现 $C_0 = 0$ 的情况，在分子、分母上各加 1，即

$$RR = [(C + 1) / (C_0 + 1)]\beta \tag{6-18}$$

式中，C——某种大气污染物的当前浓度水平；

　　　C_0——其基线（清洁）浓度水平（阈值）；

　　　RR——大气污染条件下人群健康效应的相对危险度；

　　　β——暴露反应系数，表示大气污染物浓度每增高一个单位，相应的健康终端人群死亡率或患病率增高的比例，通常用%表示。

2）环境健康价值评估

在环境健康价值评估中，西方发达国家倾向于使用支付意愿法（WTP），在非完全

市场经济的发展中国家，研究方法通常采用疾病成本法和修正的人力资本法。它是基于收入的损失成本和直接的医疗成本进行估算的，对于因污染造成的过早死亡损失采用修正的人力资本法，患病成本采用疾病成本法。它所得的计算结果应是大气污染造成的健康损失的最低限值。

①疾病成本法

疾病成本是指患者患病期间所有的与患病有关的直接费用和间接费用，包括门诊、急诊、住院的直接诊疗费和药费，未就诊患者的自我诊疗和药费，患者休工引起的收入损失（按日人均 GDP 折算），以及交通和陪护费用等间接费用。

②修正的人力资本法

我国在估算污染引起早死的经济损失时，往往用人均 GDP 作为一个统计生命年对 GDP 贡献的价值，我们称为修正的人力资本法。这种方法与人力资本法的区别在于，从整个社会而不是从个体（不存在人力是健康的劳动力还是老人和残疾人的问题）的角度，来考察人力生产要素对社会经济增长的贡献。污染引起的过早死亡损失了人力资源要素，因而减少了统计生命年间对 GDP 的贡献。因此，对整个社会经济而言，损失一个统计生命年就是损失了一个人均 GDP。修正的人力资本损失相当于损失的生命年中的人均 GDP 之和。

污染引起早死的经济损失计算方程式：

人均人力资本 HC_m 的计算公式如下。

$$HC_m = \frac{C_{ed}}{P_{ed}} = \sum_{i=1}^{t} GDP_{pci}^{pv} = GDP_{pc0} \sum_{i=1}^{t} \frac{(1+\alpha)^i}{(1+r)^i} \tag{6-19}$$

式中，C_{ed}——污染引起早死的经济损失；

P_{ed}——污染引起早死人数；

t——污染引起早死平均损失的寿命年数；

GDP_{pci}^{pv}——第 i 年的人均 GDP 现值；

GDP_{pc0}——基准年人均 GDP；

r——社会贴现率；

α——人均 GDP 年增长率。

3）京津冀黄标车淘汰政策实施的健康效益评估方法

结合机动车排放大气污染物的种类与特征，本研究减少大气污染的健康效益由 3 部分组成：①大气污染造成的全死因过早死亡人数和死亡损失（ECa_1），经济损失利用人力资本法评价；②大气污染造成的呼吸系统和心血管疾病病人的住院增加人次和休工天数及其经济损失（ECa_2），经济损失利用疾病成本法评价；③大气污染造成的慢性支气管炎的新发病人数及其经济损失（ECa_3），经济损失利用患病失能法（DALY）评价。由于基本评价方法需要大量的数据、经费和时间，在数据有限、相关研究资料匮乏的情况下，可采用成果参照法进行评价。总健康效益 ECa_{total} 的计算公式如下：

$$ECa_{total} = ECa_1 + ECa_2 + ECa_3 \tag{6-20}$$

①大气污染造成的全死因过早死亡经济损失（ECa_1）

评估大气污染损失时，根据各地的大气环境污染水平、健康危害终端和剂量-反应函数，先求出该城市的现状（控制情景）健康结局值，大气污染对健康的危害即为基准情景健康结局值扣除了现状（控制情景）健康结局值后的数值。

$$P_{ed} = 10^{-5}(f_p - f_t)P_e = 10^{-5} \cdot [(RR-1)/RR] \cdot f_p \cdot P_e \tag{6-21}$$

$$ECa_1 = P_{ed} \cdot HC_{mu} = P_{ed} \cdot \sum_{i=1}^{t} GDP_{pci}^{pv} \tag{6-22}$$

式中，P_{ed}——基准情景大气污染水平下造成的全死因过早死亡人数，万人；

f_p——基准情景大气污染水平下全死因死亡率；

f_t——现状（控制情景）大气污染水平下全死因死亡率（即基准值）；

P_e——城市暴露人口，万人；

RR——大气污染引起的全死因死亡相对危险归因比。

t——大气污染引起的全死因早死的平均损失寿命年数，根据分年龄组的与大气污染相关疾病的死亡率，得到平均损失寿命年数为 18 年；

HC_{mu}——城市人口的人均人力资本，万元/人；

GDP_{pci}^{pv}——第 i 年的城市人均 GDP。

数据来自《中国统计年鉴 2016》《河北经济年鉴 2016》。

②大气污染造成的相关疾病住院经济损失（ECa_2）

$$P_{eh} = \sum_{i=1}^{n}(f_{pi} - f_{ti}) = \sum_{i=1}^{n}f_{pi} \cdot \frac{\Delta c_i \cdot \beta_i / 100}{1 + \Delta c_i \cdot \beta_i / 100} \qquad (6\text{-}23)$$

$$ECa_2 = P_{eh} \cdot (C_h + WD \cdot C_{wd}) \qquad (6\text{-}24)$$

式中，n——大气污染相关疾病，呼吸系统疾病和心血管疾病；

f_{pi}——现状大气污染水平下的住院人次，万；

β_i——回归系数，即单位污染物浓度变化引起健康危害 i 变化的百分数，%；

Δc_i——实际污染物浓度与健康危害污染物浓度阈值之差，μg/m³；

C_h——疾病住院成本，包括直接住院成本和交通、营养等间接住院成本，元/例；

WD——疾病休工天数，根据 2013 年全国第 5 次卫生服务调查获得，呼吸系统疾病人均休工 3 天；

C_{wd}——疾病休工成本，元/d，疾病休工成本＝人均 GDP/365。

③大气污染造成的慢性支气管炎发病失能经济损失（ECa_3）

国外研究人员认为慢性支气管炎对人体的伤害极大，病人患病之后将忍受终生的病痛折磨，且随着病情的发展，病人将最终丧失工作能力、无法享受人生的乐趣，因此，在评价慢性支气管炎的经济损失时通常以患病失能法来取代一般疾病采用的疾病成本法，相关研究表明，患上慢性支气管炎的失能（DALY）权重为 32%，即以平均人力资本的 32%作为患病失能损失。

$$ECa_3 = \gamma \cdot P_{ed} \cdot HC_{mu} = \gamma \cdot P_{ed} \cdot \sum_{i=1}^{t}GDP_{pci}^{pv} \qquad (6\text{-}25)$$

式中，t——大气污染引起的慢性支气管炎早死的平均损失寿命年数，根据分年龄组的 COPD 死亡率，得到慢性支气管炎平均损失寿命年数为 23 年；

γ——慢性支气管炎失能损失系数，0.32。

（2）相关系数

1）环境健康风险评估相关系数

①暴露-反应函数相关系数

在环境污染对死亡率的健康效应的研究中，国内外的研究人员对大气污染与全因死亡的暴露-反应关系都做了比较深入的研究，为了更充分地应用为数不多的国内和国际研究成果，本研究选定全死因率作为评价终端。同时，选用呼吸系统和心血管疾病住院率和慢性支气管炎发病率作为患病评价终端。

目前，中国尚未有可靠研究成果，仅有针对急性健康效应的时间序列研究和少数分析慢性健康效应的横断面研究。本研究中各健康终端的暴露-反应系数参考京津冀地区有关的研究成果，如表 6-99 所示。

表 6-99　各健康终端的暴露-反应系数、相对危险度

健康终端	暴露-反应系数β均值 （95%置信区间）
全因死亡率	
慢性效应死亡率	0.002 96（0.000 76，0.005 04）
急性效应死亡率	0.000 4（0.000 19，0.000 62）
住院	
呼吸系统疾病	0.001 09（0，0.002 21）
心血管疾病	0.000 68（0.000 43，0.000 93）
慢性支气管炎	0.010 09（0.003 66，0.015 59）

②污染引起早死平均损失寿命年数（t）的确定

损失寿命年是指一个人的死亡年龄与社会期望寿命的差。不同疾病的平均死亡年龄不同，城市和农村的期望寿命也有所区别。大气污染与呼吸系统和循环系统疾病中的心脑血管疾病密切相关，同时我国污染主要集中在城市地区，因此本研究着重考虑这类疾病对城市居民的寿命影响。

本研究以 2000 年人口普查中的城市人口数据结合寿命表计算出城市居民的年龄的平均期望寿命；然后以中国卫生统计中各年龄疾病别死亡率和人口数据计算出疾病别死亡人数构成，乘以年龄别平均期望寿命，求和后相除得出总人口的疾病别平均损失寿命年，中国呼吸系统疾病、心脑血管疾病死亡的总平均损失寿命年分别为 16.68 年、18.15 年和 18.03 年。本研究采用的平均损失寿命年为 18 年。

③各城市人口、死亡率、住院人次

根据《北京统计年鉴》《天津统计年鉴》《河北经济年鉴》《中国卫生和计划生育统计年鉴 2015》，京津冀各城市人口、死亡率、住院人次如表 6-100 所示。

表 6-100　2008—2015 年京津冀各城市人口　　　　单位：万人

城市	2008 年	2009 年	2010 年	2011 年	2012 年	2013 年	2014 年	2015 年
北京	1 771.0	1 860.0	1 961.9	2 018.6	2 069.3	2 114.8	2 151.6	2 170.5
天津	1 176.0	1 228.2	1 299.3	1 354.6	1 413.2	1 472.2	1 516.8	1 547.0
石家庄	984.6	988.1	1 017.5	1 028.0	1 038.6	1 050.0	1 061.6	1 070.2
承德	340.7	344.2	347.6	348.9	350.6	351.5	352.7	353.0
张家口	421.2	423.5	434.9	437.4	439.4	441.3	442.1	442.2
秦皇岛	295.7	297.8	299.0	300.6	302.2	304.5	306.5	307.3
唐山	743.3	746.8	758.2	762.7	766.9	770.8	776.8	780.1
廊坊	410.3	412.2	436.4	440.0	443.9	446.8	452.2	456.3
保定	1 092.4	1 101.7	1 120.8	1 127.2	1 135.1	1 141.6	1 149.0	1 155.2
沧州	697.8	702.9	714.3	719.8	724.4	731.0	737.5	744.3
衡水	428.0	430.5	434.6	436.4	438.9	440.9	442.3	443.5
邢台	693.3	698.9	711.4	715.6	718.9	721.7	725.6	729.4
邯郸	881.6	887.9	918.8	923.9	928.6	932.5	937.4	943.3

表 6-101　2008—2015 年京津冀各城市死亡率　　　　单位：%

城市	2008 年	2009 年	2010 年	2011 年	2012 年	2013 年	2014 年	2015 年
北京	4.59	4.33	4.29	4.27	4.31	4.52	4.92	4.95
天津	5.94	5.70	5.58	6.08	6.12	6.00	6.05	5.61
石家庄	6.32	6.44	6.05	6.13	6.36	6.73	6.21	6.32
承德	7.17	6.11	7.34	6.42	6.03	7.35	5.98	6.63
张家口	7.09	7.16	7.00	7.12	6.89	7.38	6.12	6.97
秦皇岛	6.02	5.97	6.24	6.46	6.56	7.08	6.28	6.37
唐山	6.30	6.83	6.88	6.79	6.49	7.31	7.30	6.84
廊坊	5.85	6.23	5.88	5.86	5.90	6.45	5.68	5.98
保定	6.62	6.26	6.34	7.01	6.33	6.83	5.85	6.46
沧州	6.54	6.83	6.27	6.47	6.39	6.74	5.91	6.45
衡水	6.65	5.41	6.93	6.57	6.60	6.78	6.52	6.49
邢台	6.57	6.31	6.33	6.60	6.50	6.93	6.47	6.53
邯郸	6.42	5.73	6.11	6.18	6.11	6.51	6.32	6.20

表 6-102　2008—2015 年京津冀各城市住院人次　　　　单位：万人

城市	2008 年	2009 年	2010 年	2011 年	2012 年	2013 年	2014 年	2015 年
北京	157.5	182.5	200.2	216.5	247.2	266.5	285.7	304.0
天津	104.6	120.5	132.6	145.3	168.8	185.6	201.4	216.7
石家庄	87.6	96.9	103.8	110.3	124.1	132.3	141.0	149.9
承德	30.3	33.8	35.5	37.4	41.9	44.3	46.8	49.4
张家口	37.5	41.6	44.4	46.9	52.5	55.6	58.7	61.9
秦皇岛	26.3	29.2	30.5	32.2	36.1	38.4	40.7	43.0
唐山	66.1	73.3	77.4	81.8	91.6	97.2	103.2	109.3
廊坊	36.5	40.4	44.5	47.2	53.0	56.3	60.1	63.9
保定	97.1	108.1	114.3	120.9	135.6	143.9	152.6	161.8
沧州	62.1	69.0	72.9	77.2	86.5	92.1	97.9	104.3
衡水	38.1	42.2	44.3	46.8	52.4	55.6	58.7	62.1
邢台	61.7	68.6	72.6	76.8	85.9	91.0	96.4	102.2
邯郸	78.4	87.1	93.7	99.1	111.0	117.5	124.5	132.1

④相对危险度（RR）的确定

基于暴露-反应系数 β 均值计算急性过早死亡、慢性过早死亡、慢性支气管炎相对危险度（RR），如表 6-103～表 6-105 所示（仅列出了平均相对危险度）。

表 6-103　2008—2015 年京津冀各城市急性过早死亡相对危险度（RR）

城市	2008 年	2009 年	2010 年	2011 年	2012 年	2013 年	2014 年	2015 年
北京	1.000 65	1.001 81	1.002 34	1.001 69	1.000 53	1.000 00	1.000 00	1.000 00
天津	1.000 00	1.000 00	1.000 00	1.000 00	1.000 18	1.000 47	1.002 34	1.003 11
石家庄	1.000 00	1.000 00	1.000 00	1.000 00	1.000 00	1.002 88	1.003 35	1.003 35
承德	1.000 00	1.000 00	1.000 00	1.000 00	1.000 00	1.000 33	1.000 38	1.000 38
张家口	1.000 00	1.000 00	1.000 00	1.000 00	1.000 00	1.000 00	1.000 00	1.000 86
秦皇岛	1.000 00	1.000 00	1.000 00	1.000 00	1.000 00	1.000 06	1.000 18	1.000 18
唐山	1.000 00	1.000 00	1.000 00	1.000 00	1.000 00	1.000 00	1.001 81	1.002 73
廊坊	1.000 00	1.000 00	1.000 00	1.000 00	1.000 00	1.000 00	1.000 00	1.000 89
保定	1.000 00	1.000 00	1.000 00	1.000 00	1.000 00	1.000 00	1.001 18	1.001 45
沧州	1.000 00	1.000 00	1.000 00	1.000 00	1.000 00	1.001 99	1.002 43	1.002 85
衡水	1.000 00	1.000 00	1.000 00	1.000 00	1.000 00	1.001 72	1.002 13	1.002 13
邢台	1.000 00	1.000 00	1.000 00	1.000 00	1.000 00	1.000 00	1.000 00	1.000 03
邯郸	1.000 00	1.000 00	1.000 00	1.000 00	1.000 00	1.000 83	1.000 98	1.001 18

表 6-104　2008—2015 年京津冀各城市慢性过早死亡相对危险度（RR）

城市	2008 年	2009 年	2010 年	2011 年	2012 年	2013 年	2014 年	2015 年
北京	1.000 09	1.000 24	1.000 32	1.000 23	1.000 07	1.000 00	1.000 00	1.000 00
天津	1.000 00	1.000 00	1.000 00	1.000 00	1.000 02	1.000 06	1.000 32	1.000 42
石家庄	1.000 00	1.000 00	1.000 00	1.000 00	1.000 00	1.000 39	1.000 45	1.000 45
承德	1.000 00	1.000 00	1.000 00	1.000 00	1.000 00	1.000 04	1.000 05	1.000 05
张家口	1.000 00	1.000 00	1.000 00	1.000 00	1.000 00	1.000 00	1.000 00	1.000 12
秦皇岛	1.000 00	1.000 00	1.000 00	1.000 00	1.000 00	1.000 01	1.000 02	1.000 02
唐山	1.000 00	1.000 00	1.000 00	1.000 00	1.000 00	1.000 00	1.000 24	1.000 37
廊坊	1.000 00	1.000 00	1.000 00	1.000 00	1.000 00	1.000 00	1.000 00	1.000 12
保定	1.000 00	1.000 00	1.000 00	1.000 00	1.000 00	1.000 00	1.000 16	1.000 20
沧州	1.000 00	1.000 00	1.000 00	1.000 00	1.000 00	1.000 27	1.000 33	1.000 38
衡水	1.000 00	1.000 00	1.000 00	1.000 00	1.000 00	1.000 23	1.000 29	1.000 29
邢台	1.000 00	1.000 00	1.000 00	1.000 00	1.000 00	1.000 00	1.000 00	1.000 00
邯郸	1.000 00	1.000 00	1.000 00	1.000 00	1.000 00	1.000 11	1.000 13	1.000 16

表 6-105　2008—2015 年京津冀各城市慢性支气管炎相对危险度（RR）

城市	2008 年	2009 年	2010 年	2011 年	2012 年	2013 年	2014 年	2015 年
北京	1.002 22	1.006 17	1.008 00	1.005 77	1.001 82	1.000 00	1.000 00	1.000 00
天津	1.000 00	1.000 00	1.000 00	1.000 00	1.000 61	1.001 62	1.008 00	1.010 65
石家庄	1.000 00	1.000 00	1.000 00	1.000 00	1.000 00	1.009 84	1.011 47	1.011 47
承德	1.000 00	1.000 00	1.000 00	1.000 00	1.000 00	1.001 11	1.001 31	1.001 31
张家口	1.000 00	1.000 00	1.000 00	1.000 00	1.000 00	1.000 00	1.000 00	1.002 93
秦皇岛	1.000 00	1.000 00	1.000 00	1.000 00	1.000 00	1.000 20	1.000 61	1.000 61
唐山	1.000 00	1.000 00	1.000 00	1.000 00	1.000 00	1.000 00	1.006 17	1.009 33
廊坊	1.000 00	1.000 00	1.000 00	1.000 00	1.000 00	1.000 00	1.000 00	1.003 03
保定	1.000 00	1.000 00	1.000 00	1.000 00	1.000 00	1.000 00	1.004 04	1.004 96
沧州	1.000 00	1.000 00	1.000 00	1.000 00	1.000 00	1.006 78	1.008 31	1.009 73
衡水	1.000 00	1.000 00	1.000 00	1.000 00	1.000 00	1.005 87	1.007 29	1.007 29
邢台	1.000 00	1.000 00	1.000 00	1.000 00	1.000 00	1.000 00	1.000 00	1.000 10
邯郸	1.000 00	1.000 00	1.000 00	1.000 00	1.000 00	1.002 83	1.003 34	1.004 04

2）环境健康价值评估相关系数

①贴现率 r 的确定

环境质量的改善带来的健康效益是长期影响，为了将健康效益货币化并与费用进行比较，需要将未来的健康效益进行折算，本研究采用贴现率的方法进行计算。

社会贴现率是指费用效益分析中用来作为基准的资金收益率，是从动态和国民经济全局的角度评价经济费用的一个重要参数。由国家根据当前投资收益水平、资金机会成本、资金供求状况等因素统一制定和发布。目前国家正在重新修订建设项目经济评估参数，参考有关部门的研究，社会贴现率取 8%。

②价格指数

为了比较费用与效益，本研究将 2008—2015 年的总效益采用价格指数的方法，按 2015 年不变价格进行折算。

价格指数是测算可比价格的重要参数。根据《中国统计年鉴 2016》《河北经济年鉴 2016》，京津冀地区各城市的价格指数如表 6-106 所示。

表 6-106　京津冀各城市地区生产总值指数表

城市	2008 年	2009 年	2010 年	2011 年	2012 年	2013 年	2014 年	2015 年
北京	2 033	2 240.4	2 471.2	2 671.4	2 877.1	3 098.6	3 324.8	3 554.2
天津	2 158.2	2 514.3	2 951.8	3 435.9	3 911.8	4 400.8	4 840.9	5 291.1
石家庄	111	111.1	112.3	112	110.4	109.4	107.9	107.5
承德	113	111	111.4	112.1	110.5	109.3	107.8	105.5
张家口	111.9	110	114.2	111.5	110	108	105.2	105.8
秦皇岛	112	109.5	112.3	112	109.1	107	105	105.5
唐山	113.1	111.3	113.1	111.7	110.4	108.3	105.1	105.6
廊坊	111.8	110.8	112.5	111.5	109.7	109.1	108.2	108.8
保定	111.7	111	114	112	110.5	108.8	107.1	107
沧州	113	111.3	114.5	112.3	110.6	109	108	107.7
衡水	109.1	109.6	113.6	112	110.4	109.1	108.2	107.6
邢台	110.1	110	112.2	111.6	109.5	107.4	106	106
邯郸	111.1	111.2	113.1	112.2	110.5	107.3	106.5	106.8

注：北京、天津按 1978 年=100 进行折算，河北各城市按上年=100 进行折算。

③人均 GDP 的确定

人均 GDP 的现值，取决于京津冀各城市 GDP、人口的发展状况。本研究在 2007—2016 年京津冀各城市 GDP、人口发展现状的基础上，考虑各城市"十三五"发展目标，预测 2017—2035 年各城市人均 GDP，预测结果如表 6-107 所示。

表 6-107　京津冀各城市人均人力资本　　　　　单位：万元/人

城市	2007 年	2010 年	2015 年	2020 年	2025 年	2030 年	2035 年
北京	11.3	12.8	16.7	19.6	24.2	28.7	33.3
天津	9.1	12.4	18.7	22.2	25.0	27.2	32.3
石家庄	4.5	5.9	8.9	11.2	13.4	15.4	17.1
承德	3.2	4.4	6.7	8.8	10.7	12.6	14.4
张家口	2.7	3.7	5.3	6.9	8.3	9.6	10.9
秦皇岛	4.3	5.7	8.1	10.5	12.6	14.7	16.6
唐山	7.2	10.0	14.5	18.9	22.8	26.5	30.0
廊坊	4.2	5.4	8.2	10.1	11.9	13.5	15.0
保定	2.4	3.2	4.9	6.3	7.6	8.9	10.0
沧州	3.8	5.3	8.0	10.5	12.7	14.8	16.7
衡水	2.4	3.2	5.0	6.5	8.0	9.4	10.7
邢台	2.5	3.3	4.7	6.0	7.3	8.4	9.5
邯郸	3.5	4.7	6.9	8.8	10.6	12.2	13.7

注：表中数据按 2015 年不变价格计算。

④平均住院成本及慢性支气管炎的费用

根据《中国卫生统计年鉴 2016》的相关数据，结合文献研究成果，计算平均住院成本。慢性支气管炎因患病时间难以确定，不宜采用疾病成本法计算，根据 Viscusi 等研究成果，将避免慢性支气管炎的赋值设置为统计寿命价值的 32%（表 6-108）。

表 6-108　平均住院成本

城市	住院/（元/例）
北京	16 959.1
天津	12 273.9
石家庄	6 054.8
承德	6 421.8
张家口	5 021.6
秦皇岛	3 591.3
唐山	4 486
廊坊	5 618.4
保定	3 407.3
沧州	3 253.8
衡水	3 116.4
邢台	2 198.3
邯郸	1 898.1

（3）计算结果

1）环境健康风险评估结果

表 6-109 汇总了由于实施黄标车补贴淘汰政策给各城市带来的健康效应变化量。从减少过早死亡（包括慢性过早死亡和急性过早死亡）人数来看，2008—2015 年北京市由于施行黄标车补贴淘汰政策，减少过早死亡人数 4 015 人，约占京津冀减少过早死亡人数总量的 45.7%，其次是石家庄（减少过早死亡 1 446 人，约占京津冀的 15.1%）和天津（减少过早死亡 1 005 人，约占京津冀的 11.7%），而邢台、秦皇岛、廊坊、承德、张家口则较小，这五个城市减少过早死亡的人数不足京津冀减少过早死亡人数的 5%。

表 6-109　2008—2015 年京津冀地区实施黄标车淘汰政策所带来的健康效应　　单位：人

城市	慢性过早死亡	急性过早死亡	呼吸道疾病住院	心血管疾病住院	慢性支气管炎
北京	3 536	478	30 503	19 034	12 029
天津	885	120	7 356	4 590	3 009
石家庄	1 274	172	9 506	5 933	4 326
承德	50	7	362	226	172
张家口	26	4	196	122	90
秦皇岛	14	2	106	66	48
唐山	350	47	2 466	1 539	1 189
廊坊	24	3	209	130	82
保定	267	36	2 194	1 369	910
沧州	640	87	4 856	3 030	2 177
衡水	338	46	2 462	1 536	1 149
邢台	1	0	11	7	5
邯郸	336	45	2 547	1 589	1 143
京津冀	7 743	1 047	62 773	39 172	26 330

从减少因病（包括呼吸道疾病和心血管疾病）住院的人数来看，2008—2015 年北京市减少因病住院人数最多，约 4.95 万人，占京津冀减少因病住院人数的 48.6%；其次是石家庄和天津，分别减少因病住院人数平均约 1.54 万人和 1.2 万人，分别占京津冀减少

因病住院人数的 12.2%和 12.0%；邢台减少因病住院人数不足百人。

从减少患慢性支气管炎的人数来看，2008—2015 年，北京市减少慢性支气管炎患病人数约 1.2 万人，约占京津冀减少患支气管炎人数的 45.7%；其次是石家庄和天津，分别减少慢性支气管炎患病人数 0.3 万人和 0.4 万人；邢台最少，减少慢性支气管炎患病人数不足 10 人。

总的来看，在实施黄标车补贴淘汰政策后，北京由 $PM_{2.5}$ 浓度降低所产生的健康效应远大于京津冀其他城市，各健康终端变化量约占京津冀的 45%，其次是石家庄（占京津冀）和天津，而邢台、秦皇岛则最小。产生这样的结果有两个方面的因素，一是北京实施黄标车淘汰政策较早，从 2008 年开始到 2010 年结束，而其他城市在 2012 年、2013 年前后开始淘汰黄标车，特别是邢台，仅在 2015 年淘汰了 0.45 万辆，约占京津冀 2008—2015 年黄标车淘汰数量的 0.34%，淘汰黄标车越早、越多，产生的健康效应越高；二是北京、天津和石家庄这些大型或超大型城市人口相对密集、交通路网发达、污染暴露人群多，因此降低这些地区的 $PM_{2.5}$ 污染能够带来的潜在健康效应更大。

综上所述，在京津冀地区实施黄标车淘汰政策，能有效降低 $PM_{2.5}$ 浓度，为京津冀地区整体的人群健康水平带来极大改善。

2）环境健康价值评估结果

京津冀地区各城市实施黄标车淘汰政策所产生的健康经济效益如表 6-110 所示，2008—2015 年京津冀地区实施黄标车淘汰政策所带来的健康效益平均约为 340.2 亿元，其中北京市的健康效益最大，约占京津冀总健康效益的 56%，远高于其他城市；其次是天津和石家庄，分别占京津冀总健康效益的 15%和 12%。邢台、秦皇岛、廊坊、张家口、承德的健康效益最小，这 5 个城市的健康效益之和不足京津冀总健康效益的 1%。

从各健康终端来看，减少慢性过早死亡的健康效益要大于减少急性过早死亡带来的健康效益。京津冀各城市所实现的健康经济效益主要为避免过早死亡和减少慢性支气管炎所带来的效益，京津冀地区因减少过早死亡获得的健康效益为 22 亿~131.6 亿元（平均 78.2 亿元），因减少慢性支气管炎获得的经济效益为 35 亿~147.7 亿元（平均 95.8 亿元），这两大类健康终端带来的健康效益约占总健康效益的 93%。京津冀地区因减少患病住院所带来的健康效益平均约为 16.5 亿元。

表 6-110 2008—2015 年京津冀地区实施黄标车补贴淘汰政策所带来的健康效益

单位：亿元

城市	过早死亡			因病住院			慢性支气管炎	总健康效益
	慢性过早死亡	急性过早死亡	小计	呼吸道疾病住院	心血管疾病住院	小计		
北京	68.8	9.3	78.2	10.3	6.2	16.5	95.8	190.5
天津	19.7	2.7	22.4	1.8	1.1	2.9	27.4	52.7
石家庄	14.8	2.0	16.8	1.2	0.7	1.9	20.5	39.2
承德	0.5	0.1	0.5	0.0	0.0	0.1	0.6	1.2
张家口	0.2	0.0	0.2	0.0	0.0	0.0	0.3	0.5
秦皇岛	0.2	0.0	0.2	0.0	0.0	0.0	0.2	0.4
唐山	7.0	0.9	7.9	0.2	0.1	0.4	9.7	18.0
廊坊	0.3	0.0	0.3	0.0	0.0	0.0	0.4	0.7
保定	1.8	0.2	2.0	0.0	0.1	0.1	2.5	4.8
沧州	7.0	0.9	8.0	0.3	0.2	0.5	9.8	18.2
衡水	2.3	0.3	2.6	0.2	0.1	0.2	3.2	6.1
邢台	0.0	0.0	0.0	0.0	0.0	0.0	0.0	0.0
邯郸	3.1	0.4	3.5	0.1	0.1	0.2	4.3	8.0
京津冀	125.6	17.0	142.6	14.4	8.6	23.1	174.6	340.2

注：表中数据根据 2015 年不变价格计算。

6.3.4 净效益分析

从表 6-111 中可以看出，京津冀地区实施黄标车淘汰补贴政策将产生 203.4 亿元的净效益。平均来看，京津冀地区实施黄标车补贴淘汰政策的效益略大于所投入的费用。其中，北京实施黄标车淘汰政策产生的净效益最大，其次为天津，河北实施黄标车淘汰政策产生的净效益为 12 亿元。从河北省各市实施黄标车淘汰补贴政策的情况来看，除石家庄、唐山、沧州、衡水的净效益为正值亿元外，其余城市的净效益均为负值，这表明在政策实施周期内，河北省大部分城市实施黄标车淘汰补贴政策的费用大于效益。

表 6-111　2008—2015 年京津冀实施黄标车补贴淘汰政策的费用效益比较　　　单位：亿元

地　区	总费用	总效益	净效益
京津冀	136.87	340.25	203.38
北　京	26.20	190.45	164.25
天　津	25.55	52.67	27.12
河　北	85.12	97.13	12.01
石家庄	16.60	39.19	22.59
承　德	5.03	1.25	−3.78
张家口	2.40	0.52	−1.88
秦皇岛	5.60	0.41	−5.19
唐　山	9.54	17.99	8.45
廊　坊	3.26	0.69	−2.57
保　定	5.90	4.75	−1.15
沧　州	18.03	18.24	0.21
衡　水	4.49	6.11	1.62
邢　台	0.52	0.02	−0.50
邯　郸	13.75	7.95	−5.80

注：表中数据根据 2015 年不变价格计算。

　　表 6-112 的结果显示，2008—2015 年，京津冀地区实施黄标车淘汰补贴政策的净效益有正有负，其中 2008 年、2009 年的净效益为负值，其余年份均为正值。

表 6-112　京津冀地区实施黄标车淘汰补贴政策的净效益　　　单位：亿元

年份　地区	2008	2009	2010	2011	2012	2013	2014	2015	合计
京津冀	−4.19	−2.07	15.48	26.83	27.25	0.74	38.39	100.95	203.38
北京	−4.19	−2.07	15.48	26.83	30.42	31.41	32.35	34.02	164.25
天津	0.00	0.00	0.00	0.00	−3.17	−3.86	9.41	24.74	27.12
河北	0.00	0.00	0.00	0.00	0.00	−26.81	−3.38	42.20	12.01

注：表中数据根据 2015 年不变价格计算。

产生上述结果的主要原因在于，一是实施黄标车淘汰补贴政策产生的健康效益主要与黄标车的累计淘汰量呈正相关关系，黄标车淘汰数量越多，大气污染物排放量越少，产生的健康效益越大；二是黄标车淘汰补贴政策的费用与黄标车的淘汰量呈正相关，淘汰数量越多，费用越高。在政策实施周期内，初期京津冀黄标车淘汰量较大，随着时间的推移，京津冀各地区的黄标车年淘汰量逐渐减少，但累计淘汰量仍在增长，使初期黄标车淘汰补贴政策的费用高于效益，随着黄标车的持续淘汰，效益逐渐大于费用。因此，黄标车淘汰补贴政策的实施周期越长、黄标车累计淘汰量越多，产生的净效益也越高。

6.3.5 不确定性分析

1）在测算黄标车淘汰政策实施的费用时，应考虑政策的行政执行成本，但考虑京津冀地区范围较大，管理成本、"黄改绿"成本相对于补贴金额来说很少，因此并未将政策的行政成本纳入计算。

2）不同车型、不同车况、不同排放标准的黄标车差异较大，对黄标车淘汰政策的费用效益分析的测算结果影响较大。但受数据资料限制，京津冀各城市黄标车按年淘汰数据根据京津冀地区三省市 2012 年机动车各车型的数量比例、黄标车淘汰总量推算而得，由此带来了测算的误差。

3）黄标车淘汰政策属于经济激励性政策，政策实施后，公交车、出租车、货车等营运黄标车在淘汰后车主可能会选择购买新车，而私家车在淘汰后车主可能会选择购买新车，或者不购买新车而选择公共交通作为出行方式，从而对费用、效益估算结果产生影响。由于大型载货、载客汽车的残值高于相应的补贴金额，造成这些车主为了利益最大化选择将大型载货、载客汽车进行黑市交易或将车直接卖给拆解厂，因而大型载货、载客汽车的补贴金额存在一定误差，也造成整个补贴金额存在一定误差，考虑大型载货、载客汽车占黄标车总数的比例较少，这个误差也较小。此外，受研究方法和数据的限制，本研究中购买新车的成本未扣除黄标车自然淘汰情况下的购车成本，导致购买新车的成本被高估，影响了费用的测算。

4）京津冀地区的监测站点主要分布在城区，农村地区的监测站点较少，此外，实际的污染物浓度结果时空分布差异较大，而本研究中仅采用浓度平均值，对暴露-反应结果影响较大。

5）暴露-反应系数可能会因为地区空气污染物质的特性、空气污染水平和暴露人口的不同而不同，其本身是一个区间值，需要通过开展不同人群暴露行为与暴露-反应关系研究，不断提高精度，降低不确定性。本研究中影响健康的污染因子仅选取了 $PM_{2.5}$，未考虑一氧化碳、氮氧化物、PM_{10} 等机动车污染物的健康影响，同时健康终端多基于已有的流行病学研究成果，对于缺乏统计数据的健康终端则没有考虑在内，这在一定程度上造成了健康效益的低估。

6）机动车污染为线源，对道路周边人群的健康影响较大。京津冀地区暴露人口分布不均且流动性大，城区与郊区、城市之间的人口流动给研究带来了一定的不确定性。受数据、模型等方面的限制，本研究中暴露于空气污染的人口估计与真实情况存在偏差。

6.4　禁行政策的费用效益分析

6.4.1　分析思路

黄标车禁行政策是黄标车淘汰政策的重要组成部分之一。由于黄标车淘汰任务的逐步增加，为了更好地实现大气污染治理目标，限制甚至禁止黄标车上路行驶成为黄标车淘汰政策的必由之路。京津冀三地黄标车禁行政策的禁行时间和范围、任务完成情况等方面均存在较大差异，因此需要对禁行政策的成本和效益分别进行区分和计算。

表 6-113 是黄标车提前淘汰补贴政策的影响矩阵，主要从不同对象角度分别解析禁行政策的影响。

表 6-113　黄标车禁行政策影响矩阵

对象	正影响	负影响
政府	—	管理监督成本
居民	环境（健康）效益； 交通工具禁止出行节省的费用	换乘其他交通工具费用
企业	—	—
全社会	环境（健康）效益； 交通工具禁止出行节省的费用	管理监督成本； 换乘其他交通工具费用

从整个社会成本考虑，黄标车禁行政策所产生的成本为管理监督成本、换乘其他交通工具费用，其效益为环境效益（健康效益）和交通工具禁止出行节省的费用。从政府的角度看，黄标车禁行政策的成本为管理成本。居民角度的黄标车禁行政策的成本为换乘其他交通工具费用，而其效益为环境效益、健康效益和交通工具禁止出行节省的费用。对企业而言，黄标车禁行政策对其没有影响，并不产生成本或效益。

首先，对黄标车淘汰政策进行费用分析。识别黄标车淘汰政策实施后产生的费用并进行分类。建立费用分析模型，通过比较政策实施周期内控制情景相对于基准情景各类费用的变化，研究黄标车淘汰政策实施的费用。

其次，对黄标车淘汰政策进行效益分析。识别黄标车淘汰政策实施后产生的效益并进行分类。建立效益分析模型，包括环境效益分析模型和健康效益分析模型，通过模型输入淘汰黄标车的数量、人口分布数据、气象数据、地形数据等指标，研究黄标车淘汰政策实施的环境效益和健康效益，并对效益进行货币化。

最后，比较黄标车淘汰政策的费用分析、效益分析结果，评估黄标车淘汰政策的有效性，并对费用效益分析结果进行不确定性分析。

6.4.2　费用分析

6.4.2.1　费用识别

（1）禁行成本

禁行成本是社会和居民角度的黄标车提前淘汰政策的重要成本，主要是指黄标车禁止出行所带来的费用。禁行成本按照情景 1（黄标车提前淘汰补贴带来的加速淘汰）后的黄标车保有量计算结果来进行计算。

由于黄标车禁行措施，黄标车车主的选择只有两个——要么淘汰，要么避开。根据历年的中国统计年鉴，中小型载客汽车的数量一直占机动车总量的大部分。现假设未淘汰的载货汽车以及大型载客汽车并没有在禁行区域和时间段内行驶，而是通过转移等其他方式到其他未禁行区域和时间段内行驶。禁行成本主要是指居民换乘其他交通工具出行带来的成本，包括乘坐公共汽车、地铁、出租车等费用。

（2）管理成本

管理成本是社会和政府角度的黄标车提前淘汰政策的重要成本，主要由环保部门、公安部门等人员办公运行成本和设备购买费用组成。对京津冀三地各市的环保部门、公安部门的历年度预算进行调研，由于预算内容并未明确用于黄标车提前淘汰政策的管理成本，并且这些部门涉及车辆的预算支出部分为数百万元，相较于京津冀地区的几十亿元黄标车淘汰补贴金额或汽车残值来说比较少，并不足以对后面的成本计算造成显著影响，因此暂不考虑政府的管理成本。

6.4.2.2　费用计算方法

（1）计算公式

①社会总成本：主要是指禁行成本，即

$$C_t = C_d \tag{6-26}$$

式中，C_t——社会总成本，元；

C_d——禁行成本，即换乘其他交通工具费用，元。

②禁行成本 C_d：禁行的黄标车数量、每辆机动车的平均乘载率与换乘其他交通工具出行费用的乘积，即

$$C_d = \theta \times V_d \times P_b \times M \tag{6-27}$$

式中，C_d——禁行成本，元

θ——每辆机动车的平均乘载率，人/辆；

V_d——禁行的黄标车数量，辆；

P_b——每人年均公共交通出行费用，元/（人·km）；

M——机动车年均行驶里程，km。

（2）数据来源

①黄标车保有量数据

通过对北京、天津、河北及其 11 个地市的历年度政府工作报告、历年度国民经济和社会发展统计公报、环保、公安等部门官方网站的新闻报道、历年中国机动车污染防治年报进行梳理分析，得到相对可靠的北京、天津、河北的历年黄标车保有量数据。

②机动车的平均乘载率和机动车年均行驶里程

根据对北京、天津、河北的机动车文献、资料、报告进行研究，并咨询多位专家学者，得到机动车的平均乘载率和年均行驶里程。

③小汽车出行费用

经过对小汽车出行费用的文献、资料、报告的调研梳理，并咨询相关专家学者，确定小汽车出行费用主要是指提供者成本、使用者成本、社会成本。使用者成本包括出行时间成本、舒适性成本。社会成本包括基础设施成本、交通拥堵成本、交通事故成本。

④不同车型的比例系数

2012 年环境统计数据中分别统计北京市、天津市、河北省的微型、小型、中型、大型的载客汽车数量和微型、轻型、中型、重型的载货汽车数量，并求得这 8 类汽车占机动车总数量的比例系数。之后以这些比例系数分别乘以北京市、天津市、河北省的黄标车年度淘汰总数，从而得到北京市、天津市、河北省这 8 类汽车在黄标车淘汰时的数量。

6.4.2.3　费用计算相关系数

（1）禁行成本 C_d

①禁行的黄标车数量 V_d（辆）：基于北京、天津、河北的不同车型的比例系数 ϕ 和历年黄标车保有量，分别得到北京、天津、河北禁行条件下中小微型载客汽车的黄标车年度保有量 V_d。

②每人年均公共交通工具出行费用 P_b：基于研究结果——南京市小汽车出行成本，假设北京、天津禁行条件下公共交通工具的出行费用为 0.159 元/（人·km），假设河北禁行条件下公共交通工具的出行费用为 0.132 元/（人·km）。

③机动车年均行驶里程 M：根据林秀丽等的研究结果，并向机动车领域专家学者请教，假设机动车年均行驶里程为 15 000 km。

④机动车的平均乘载率 θ：通过向机动车领域专家学者请教，假设机动车的平均乘载率为 1.5 人/辆。

（2）京津冀地区生产总值价格指数

与 3.2.3.4 一致，为了对比费用效益，本研究根据《中国统计年鉴 2016》《河北经济年鉴 2016》、京津冀地区各城市的价格指数，将 2008—2015 年京津冀地区实施黄标车禁行政策的费用统一按 2015 年不变价格折算。

（3）费用计算结果

黄标车禁行政策的社会总成本主要包括黄标车车主由于黄标车禁行措施所带来的换乘其他交通工具费用。

计算结果表明，2008—2015 年，京津冀地区黄标车禁止行驶政策的社会总成本为 58.06 亿元，其中北京、天津、河北的社会总成本分别为 15.19 亿元、16.94 亿元、27.57 亿元。

京津冀地区黄标车禁行成本，见图 6-12。图 6-13 是京津冀 13 个城市的黄标车禁行成本。图 6-14 是京津冀地区年度黄标车禁行成本。表 6-114～表 6-127 是北京、天津、河北及各地市的年度黄标车禁行成本。

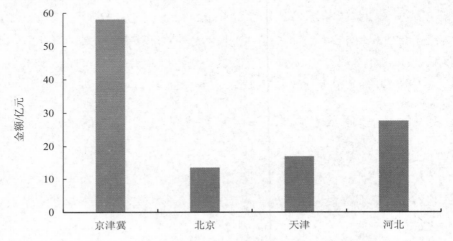

图 6-12 2008—2015 年京津冀地区三省市黄标车禁行成本

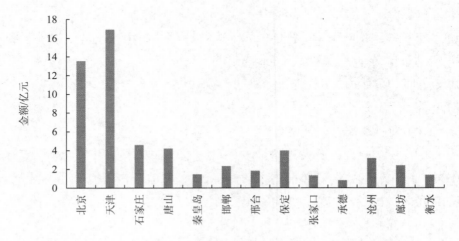

图 6-13 2008—2015 年京津冀地区 13 个地级以上城市黄标车禁行成本

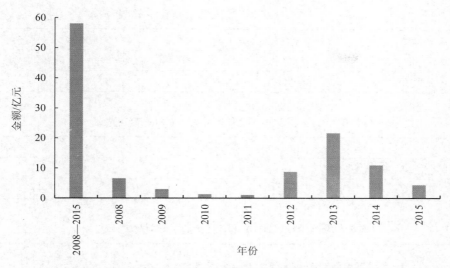

图 6-14　2008—2015 年京津冀地区黄标车年度禁行成本

表 6-114　2008—2010 年北京黄标车禁行成本

年份	2008—2015	2008	2009	2010	2011	2012	2013	2014	2015
保有量/（万辆，次数）	40.24	19.6	9	4	3.2	2.4	1.52	0.52	0
禁行成本/亿元	13.55	6.60	3.03	1.35	1.08	0.81	0.51	0.17	——

表 6-115　2012—2015 年天津黄标车禁行成本

年份	2012—2015	2012	2013	2014	2015
保有量/（万辆，次数）	53	25	18	10	0
禁行成本/亿元	16.94	7.99	5.75	3.20	——

表 6-116　2013—2015 年河北黄标车禁行成本

年份	2013—2015	2013	2014	2015
保有量/（万辆，次数）	119.39	66.8	33.21	19.38
禁行成本/亿元	27.57	15.44	7.67	4.46

表 6-117   2013—2015 年河北石家庄黄标车禁行成本

年份	2013—2015	2013	2014	2015
保有量/（万辆，次数）	19.51	10.78	5.45	3.28
禁行成本/亿元	4.61	2.53	1.30	0.78

表 6-118   2013—2015 年河北唐山黄标车禁行成本

年份	2013—2015	2013	2014	2015
保有量/（万辆，次数）	17.36	9.91	4.73	2.72
禁行成本/亿元	4.22	2.41	1.15	0.66

表 6-119   2013—2015 年河北秦皇岛黄标车禁行成本

年份	2013—2015	2013	2014	2015
保有量/（万辆，次数）	6.28	3.63	1.7	0.95
禁行成本/亿元	1.47	0.85	0.40	0.22

表 6-120   2013—2015 年河北邯郸黄标车禁行成本

年份	2013—2015	2013	2014	2015
保有量/（万辆，次数）	10.29	5.75	2.86	1.68
禁行成本/亿元	2.34	1.30	0.66	0.38

表 6-121   2013—2015 年河北邢台黄标车禁行成本

年份	2013—2015	2013	2014	2015
保有量/（万辆，次数）	8.35	4.57	2.37	1.41
禁行成本/亿元	1.83	1.01	0.51	0.31

表 6-122   2013—2015 年河北保定黄标车禁行成本

年份	2013—2015	2013	2014	2015
保有量/（万辆，次数）	17.47	9.62	4.94	2.91
禁行成本/亿元	3.99	2.21	1.12	0.66

表 6-123　2013—2015 年河北张家口黄标车禁行成本

年份	2013—2015	2013	2014	2015
保有量/（万辆，次数）	5.95	3.33	1.65	0.97
禁行成本/亿元	1.34	0.75	0.37	0.22

表 6-124　2013—2015 年河北承德黄标车禁行成本

年份	2013—2015	2013	2014	2015
保有量/（万辆，次数）	3.62	2.04	1.01	0.57
禁行成本/亿元	0.82	0.46	0.23	0.13

表 6-125　2013—2015 年河北沧州黄标车禁行成本

年份	2013—2015	2013	2014	2015
保有量/（万辆，次数）	13.87	7.74	3.89	2.24
禁行成本/亿元	3.17	1.78	0.88	0.51

表 6-126　2013—2015 年河北廊坊黄标车禁行成本

年份	2013—2015	2013	2014	2015
保有量/（万辆，次数）	11.07	6.28	3.03	1.76
禁行成本/亿元	2.40	1.36	0.66	0.38

表 6-127　2013—2015 年河北衡水黄标车禁行成本

年份	2013—2015	2013	2014	2015
保有量/（万辆，次数）	5.62	3.15	1.59	0.88
禁行成本/亿元	1.38	0.78	0.39	1.21

6.4.3　效益分析

6.4.3.1　效益识别

通过比较基准情景与控制情景，京津冀地区的黄标车禁行政策实施后，黄标车的加速淘汰主要产生了环境效益、健康效益和其他效益。

环境效益：黄标车禁行政策将使黄标车所有者，一是可能放弃机动车出行，而转为公共交通的出行方式，二是可能购买更新、排放更低的机动车来代替黄标车。无论最终是哪一种选择，都将有效减少机动车污染物排放，改善区域环境空气质量。由于新购车数量难以统计，且新购车排放标准较高、污染排放总量相对黄标车减排较小，因此部分抵消的总量减排效益没有计入。

健康效益：机动车污染物排放量的减少，将有效降低空气中对人体有害的污染物浓度，从而降低空气污染对人体健康的影响。

黄标车禁止出行节省的费用：由于黄标车禁止出行政策的出台，导致黄标车无法上路行驶，从而带来机动车行驶的节省费用。

其他效益：黄标车的禁行，将带来其他效益，如交通事故的减少、交通意外伤亡的减少、黄标车拆解回收利用的收益等。

6.4.3.2　环境效益

（1）计算方法

禁行政策下的总量减排效益和环境质量改善效益，其原理与补贴政策下的环境效益一致，都是减少黄标车上路行驶（前者是减少上路时间，后者是减少上路数量），导致大气污染物排放量减少进而降低大气污染物浓度。因此两者的计算方法相同。但是禁行政策下的总量减排效益不涉及黄标车的存活周期残存年的问题，只对当年存在效益。

对于总量减排效益，也是根据《道路机动车大气污染物排放清单编制技术指南（试行）》和《城市机动车排放空气污染测算方法》等技术性指导文件，采用排放因子法，计算禁行时段内减少上路的黄标车数量，进而计算其尾气污染物减排量，作为污染总量减排效益。对于环境质量改善效益，也是在总量减排效益的基础上，采用 CMAQ 模型模拟计算大气污染浓度削减量。

（2）相关系数

由于禁行政策下的总量减排效益和环境质量改善效益，计算方法与补贴政策下的环境效益一致，所以其参数系数也一致。

根据环境统计基础数据中京津冀各市各类型黄标车（国 0）数量，对 4.2 节的各市历年禁行的机动车进行不同类型估算，估算结果见附表 2。

（3）计算结果

①污染总量减排效益

通过 6.3.3.2 的计算方法相关系数，计算得到京津冀 13 个地市有黄标车禁行政策实施，不同车型、不同燃料类型黄标车禁行的主要大气污染物减排量（表 6-128～表 6-155）。

表 6-128　北京市黄标车禁行政策下的主要污染物减排量　　单位：t

年份	CO	HC	NO_x	$PM_{2.5}$	PM_{10}
2008	34 201.01	3 846.90	4 609.50	381.26	421.33
2009	15 704.55	1 766.43	2 116.61	175.07	193.47
2010	6 979.77	785.08	940.71	77.81	85.99
2011	4 930.26	577.00	832.41	85.78	94.88
2012	4 214.18	472.93	562.07	46.03	50.88
2013	2 717.73	302.38	348.01	28.26	31.22
2014	907.37	102.06	122.29	10.12	11.18
2015	0.00	0.00	0.00	0.00	0.00

表 6-129　北京市黄标车禁行政策下的主要污染物减排占当年机动车排放量比例　　单位：%

年份	CO	HC	NO_x	$PM_{2.5}$	PM_{10}
2008	4.75	5.08	6.30	12.04	11.99
2009	1.99	2.09	2.66	5.06	5.04
2010	0.77	0.79	1.06	2.01	1.99
2011	0.55	0.59	0.97	2.14	2.13
2012	0.54	0.55	0.70	1.26	1.25
2013	0.39	0.39	0.46	0.82	0.82
2014	0.15	0.15	0.19	0.42	0.41
2015	0.00	0.00	0.00	0.00	0.00

表 6-130　天津市黄标车禁行政策下的主要污染物减排量　　单位：t

年份	CO	HC	NO_x	$PM_{2.5}$	PM_{10}
2012	36 541.61	4 804.72	8 742.83	750.64	829.10
2013	27 954.97	3 612.38	6 067.24	534.75	590.70
2014	15 551.02	2 007.91	3 368.21	296.56	327.59
2015	0.00	0.00	0.00	0.00	0.00

表 6-131　天津市黄标车禁行政策下的主要污染物减排占当年机动车排放量比例　　　单位：%

年份	CO	HC	NO$_x$	PM$_{2.5}$	PM$_{10}$
2012	8.17	9.44	16.17	12.66	12.59
2013	6.18	7.04	10.90	9.48	9.43
2014	3.22	3.68	5.47	4.77	4.74
2015	0.00	0.00	0.00	0.00	0.00

表 6-132　　石家庄市黄标车禁行政策下的主要污染物减排量　　　单位：t

年份	CO	HC	NO$_x$	PM$_{2.5}$	PM$_{10}$
2013	24 264.97	3 748.93	8 499.74	839.91	923.85
2014	12 802.03	1 872.27	3 925.30	381.13	419.24
2015	68.93	8.80	6.77	0.11	0.12

表 6-133　　石家庄市黄标车禁行政策下的主要污染物减排占当年机动车排放量比例　　　单位：%

年份	CO	HC	NO$_x$	PM$_{2.5}$	PM$_{10}$
2013	10.15	12.00	12.15	13.51	13.38
2014	4.67	5.14	5.90	6.46	6.39
2015	0.02	0.02	0.01	0.00	0.00

表 6-134　　唐山市黄标车禁行政策下的主要污染物减排量　　　单位：t

年份	CO	HC	NO$_x$	PM$_{2.5}$	PM$_{10}$
2013	20 415.56	3 135.48	7 147.33	736.13	809.31
2014	11 093.82	1 553.32	3 095.53	312.15	343.22
2015	6 822.43	934.42	1 790.09	179.56	197.43

表 6-135　　唐山市黄标车禁行政策下的主要污染物减排占当年机动车排放量比例　　　单位：%

年份	CO	HC	NO$_x$	PM$_{2.5}$	PM$_{10}$
2013	6.46	8.27	10.65	13.35	13.21
2014	3.38	3.88	4.93	6.02	5.95
2015	1.84	2.06	2.64	3.23	3.20

表 6-136　秦皇岛市黄标车禁行政策下的主要污染物减排量　　　　　单位：t

年份	CO	HC	NO$_x$	PM$_{2.5}$	PM$_{10}$
2013	9 795.83	1 417.07	2 939.14	288.43	317.18
2014	4 636.21	660.76	1 354.19	132.71	145.92
2015	2 751.86	382.72	748.52	72.91	80.18

表 6-137　秦皇岛市黄标车禁行政策下的主要污染物减排占当年机动车排放量比例　　单位：%

年份	CO	HC	NO$_x$	PM$_{2.5}$	PM$_{10}$
2013	5.97	6.66	7.99	7.11	7.04
2014	2.76	2.99	3.87	3.44	3.40
2015	1.65	1.76	2.22	1.93	1.90

表 6-138　邯郸市黄标车禁行政策下的主要污染物减排量　　　　　单位：t

年份	CO	HC	NO$_x$	PM$_{2.5}$	PM$_{10}$
2013	17 335.68	2 449.38	4 993.47	490.12	539.00
2014	8 800.00	1 216.43	2 405.79	234.69	258.13
2015	5 472.27	742.07	1 412.16	137.11	150.80

表 6-139　邯郸市黄标车禁行政策下的主要污染物减排占当年机动车排放量比例　　单位：%

年份	CO	HC	NO$_x$	PM$_{2.5}$	PM$_{10}$
2013	7.98	7.08	7.46	5.60	5.55
2014	3.70	3.16	3.60	2.68	2.65
2015	2.00	1.68	1.92	1.44	1.42

表 6-140　邢台市黄标车禁行政策下的主要污染物减排量　　　　　单位：t

年份	CO	HC	NO$_x$	PM$_{2.5}$	PM$_{10}$
2013	14 646.54	1 975.82	3 722.83	353.70	389.18
2014	7 014.27	1 013.31	2 104.72	206.30	226.92
2015	4 412.27	624.60	1 256.25	122.90	135.17

表 6-141　邢台市黄标车禁行政策下的主要污染物减排占当年机动车排放量比例　　　单位：%

年份	CO	HC	NO$_x$	PM$_{2.5}$	PM$_{10}$
2013	4.94	5.85	9.61	24.50	24.06
2014	2.05	2.58	4.86	23.14	22.90
2015	1.11	1.37	2.60	12.45	12.32

表 6-142　保定市黄标车禁行政策下的主要污染物减排量　　　单位：t

年份	CO	HC	NO$_x$	PM$_{2.5}$	PM$_{10}$
2013	26 415.99	3 594.66	6 374.77	593.68	653.06
2014	14 825.06	1 962.13	3 321.30	308.00	338.90
2015	9 224.57	1 198.79	1 944.05	179.32	197.31

表 6-143　保定市黄标车禁行政策下的主要污染物减排占当年机动车排放量比例　　　单位：%

年份	CO	HC	NO$_x$	PM$_{2.5}$	PM$_{10}$
2013	5.66	6.72	8.61	21.26	20.75
2014	2.77	3.18	4.03	20.85	20.61
2015	1.50	1.69	2.15	12.78	12.65

表 6-144　张家口市黄标车禁行政策下的主要污染物减排量　　　单位：t

年份	CO	HC	NO$_x$	PM$_{2.5}$	PM$_{10}$
2013	8 035.79	1 399.92	3 462.90	368.36	404.62
2014	4 362.32	677.93	1 525.18	156.39	171.68
2015	2 697.46	409.62	892.11	91.28	100.21

表 6-145　张家口市黄标车禁行政策下的主要污染物减排占当年机动车排放量比例　　　单位：%

年份	CO	HC	NO$_x$	PM$_{2.5}$	PM$_{10}$
2013	13.63	21.52	26.23	22.90	22.30
2014	6.98	10.15	11.40	25.29	24.90
2015	4.38	6.67	7.21	22.80	22.18

表 6-146　承德市黄标车禁行政策下的主要污染物减排量　　　　　　　单位：t

年份	CO	HC	NO$_x$	PM$_{2.5}$	PM$_{10}$
2013	9 080.65	1 046.00	1 432.36	130.69	143.95
2014	4 514.05	520.10	710.16	64.24	70.73
2015	2 561.97	291.78	375.64	33.54	36.94

表 6-147　承德市黄标车禁行政策下的主要污染物减排占当年机动车排放量比例　　单位：%

年份	CO	HC	NO$_x$	PM$_{2.5}$	PM$_{10}$
2013	14.49	13.14	9.38	9.96	9.88
2014	6.80	6.12	4.59	4.85	4.81
2015	3.63	3.22	2.47	2.60	2.58

表 6-148　沧州市黄标车禁行政策下的主要污染物减排量　　　　　　　单位：t

年份	CO	HC	NO$_x$	PM$_{2.5}$	PM$_{10}$
2013	16 316.22	2 553.10	6 222.30	576.61	634.62
2014	8 146.70	1 331.30	3 300.54	314.42	345.87
2015	4 987.31	796.45	1 928.15	183.74	202.11

表 6-149　沧州市黄标车禁行政策下的主要污染物减排占当年机动车排放量比例　　单位：%

年份	CO	HC	NO$_x$	PM$_{2.5}$	PM$_{10}$
2013	5.24	6.51	9.20	7.41	7.34
2014	2.28	3.06	4.45	3.66	3.62
2015	1.24	1.63	2.37	1.96	1.94

表 6-150　廊坊市黄标车禁行政策下的主要污染物减排量　　　　　　　单位：t

年份	CO	HC	NO$_x$	PM$_{2.5}$	PM$_{10}$
2013	11 158.64	1 878.10	4 638.08	406.43	447.74
2014	4 646.25	872.63	2 407.78	221.83	244.45
2015	2 836.32	511.92	1 366.34	125.52	138.34

表 6-151　廊坊市黄标车禁行政策下的主要污染物减排占当年机动车排放量比例　　单位：%

年份	CO	HC	NO$_x$	PM$_{2.5}$	PM$_{10}$
2013	4.23	5.07	8.56	8.03	7.96
2014	1.64	2.18	4.43	4.35	4.31
2015	0.92	1.17	2.48	2.44	2.42

表 6-152　衡水市黄标车禁行政策下的主要污染物减排量　　单位：t

年份	CO	HC	NO$_x$	PM$_{2.5}$	PM$_{10}$
2013	4 612.53	758.67	1 889.97	185.90	204.80
2014	2 461.84	407.08	1 024.20	101.64	111.93
2015	1 470.93	239.37	594.75	59.19	65.19

表 6-153　衡水市黄标车禁行政策下的主要污染物减排占当年机动车排放量比例　　单位：%

年份	CO	HC	NO$_x$	PM$_{2.5}$	PM$_{10}$
2013	4.03	4.99	9.68	10.01	9.93
2014	1.81	2.26	4.63	4.83	4.78
2015	1.05	1.33	3.02	3.20	3.16

表 6-154　河北省黄标车禁行政策下的主要污染物减排量　　单位：t

年份	CO	HC	NO$_x$	PM$_{2.5}$	PM$_{10}$
2013	162 078.40	23 957.11	51 322.89	4 969.97	5 467.30
2014	83 302.55	12 087.26	25 174.68	2 433.50	2 677.00
2015	43 306.33	6 140.53	12 314.83	1 185.18	1 303.81

表 6-155　河北省黄标车禁行政策下的主要污染物减排占当年机动车排放量比例　　单位：%

年份	CO	HC	NO$_x$	PM$_{2.5}$	PM$_{10}$
2013	6.46	7.53	9.81	11.50	11.39
2014	2.98	3.41	4.69	5.58	5.52
2015	1.40	1.57	2.19	2.63	2.60

　　北京市黄标车禁行政策 2008 年以来一直存在，只不过 2015 年及以后北京市黄标车已经基本淘汰完毕，所以 2015 年北京市黄标车禁行政策下，没有大气污染物减排量。2008—2014 年，北京市黄标车保有量逐渐减少，其禁行政策下的污染物减排量也逐渐减少。减排主要体现在 CO、HC 和 NO_x、颗粒物直接减排较少。

　　天津市 2012—2015 年都有黄标车禁行政策，与北京市的情况相同，2015 年黄标车基本淘汰完毕，所以 2015 年没有禁行政策下的减排量。而且由于黄标车保有量逐渐减少，2012—2014 年其禁行政策下的污染物减排量也逐渐减少。

　　"十二五"期间，河北省各市也出台了黄标车禁行政策，大多数集中在 2013—2015 年。石家庄市、唐山市、保定市在 2013 年、2014 年减排效益也较显著。由于河北省各市在 2015 年普遍都有黄标车存在，没有淘汰完毕，故 2015 年还有禁行政策下的减排量。

　　与京津冀三地主要大气污染物实际排放量（表 6-156、表 6-157、表 6-158）对比可知，该区域黄标车禁行政策的大气污染物减排效益主要体现在氮氧化物减排。2008 年北京市黄标车禁行的氮氧化物减排占北京市氮氧化物排放量的 2.62%，高于黄标淘汰的减排效益，随着北京市黄标车保有量的减少，其禁行的减排效益逐渐减弱；2013—2015 年天津市黄标车禁行政策的大气污染物减排效益也较显著，高于黄标车淘汰，特别是 2012 年 NO_x 减排量占排放量的比例达到 2.26%；2013 年河北省该比例达到 3.17%，2014 年、2015 年逐年递减。总体来看，黄标车禁行政策的减排效益为正，对于颗粒物直接减排也有一定的效果。

表 6-156　北京市黄标车禁行减排量占排放量比例　　　　单位：%

污染物类别	2008 年	2009 年	2010 年	2011 年	2012 年	2013 年	2014 年	2015 年
NO_x	2.62	1.17	0.42	0.44	0.32	0.21	0.08	0.00
PM_{10}	0.74	0.34	0.14	0.16	0.09	0.06	0.02	0.00
$PM_{2.5}$	0.99	0.46	0.18	0.22	0.11	0.08	0.03	0.00

表 6-157　天津市黄标车补贴淘汰减排量占排放量比例　　　　单位：%

污染物类别	2012 年	2013 年	2014 年	2015 年
NO_x	2.62	1.95	1.19	0.00
PM_{10}	1.11	0.76	0.26	0.00
$PM_{2.5}$	1.48	1.01	0.35	0.00

表 6-158 河北省黄标车补贴淘汰减排量占排放量比例 单位：%

污染物类别	2013 年	2014 年	2015 年
NO_x	3.17	1.66	0.91
PM_{10}	0.47	0.17	0.10
$PM_{2.5}$	0.63	0.22	0.14

②环境质量改善效益

通过 6.3.3.2 的计算方法相关系数，可以计算得到京津冀 13 个地市黄标车禁行政策以来，因主要大气污染物减排而导致的环境质量改善效益，计算方法同黄标车淘汰政策的环境质量改善效益。

表 6-159 黄标车禁行政策下的 NO_2 年均改善效益 单位：$\mu g/m^3$

地市	2008 年	2009 年	2010 年	2011 年	2012 年	2013 年	2014 年	2015 年
北京市	1.27	0.58	0.26	0.23	0.15	0.10	0.03	0.00
天津市					1.50	1.03	0.00	0.00
石家庄市						3.72	3.30	0.00
唐山市						1.51	1.20	0.06
秦皇岛市						1.51	0.45	0.32
邯郸市						1.43	1.11	0.98
邢台市						0.44	0.25	0.15
保定市						0.76	0.47	0.19
张家口市						0.36	0.00	0.09
承德市						2.01	0.77	0.05
沧州市						3.52	0.86	3.33
廊坊市						4.04	0.00	1.19
衡水市						1.11	1.04	0.48

表 6-160　黄标车禁行政策下的 PM$_{10}$ 年均改善效益　　　　单位：μg/m^3

地市	2008 年	2009 年	2010 年	2011 年	2012 年	2013 年	2014 年	2015 年
北京市	1.37	0.64	0.28	0.31	0.17	0.10	0.04	0.00
天津市					2.75	1.95	1.50	0.00
石家庄市						0.40	0.15	0.00
唐山市						1.70	0.90	0.31
秦皇岛市						0.06	0.02	0.01
邯郸市						0.23	0.10	0.07
邢台市						0.11	0.06	0.04
保定市						1.13	0.58	0.35
张家口市						1.23	0.00	0.31
承德市						0.06	0.05	0.00
沧州市						0.63	0.19	0.30
廊坊市						0.32	0.00	0.10
衡水市						0.41	0.24	0.14

表 6-161　黄标车禁行政策下的 PM$_{2.5}$ 年均改善效益　　　　单位：μg/m^3

地市	2008 年	2009 年	2010 年	2011 年	2012 年	2013 年	2014 年	2015 年
北京市	0.41	0.70	0.14	0.16	0.09	0.05	0.02	0.00
天津市					0.37	0.26	0.79	0.00
石家庄市						1.07	0.15	0.00
唐山市						0.92	0.36	0.24
秦皇岛市						0.13	0.02	0.02
邯郸市						0.22	0.04	0.09
邢台市						0.11	0.06	0.04
保定市						0.71	0.38	0.21
张家口市						0.71	0.00	0.18
承德市						0.09	0.03	0.00
沧州市						0.58	0.11	0.18
廊坊市						0.46	0.00	0.14
衡水市						0.44	0.13	0.11

    黄标车禁行政策对于京津冀地区主要大气污染物的环境质量改善具有一定的作用,特别是政策实施早期效果较明显。北京市禁行政策主要在 2011 年之前显著,导致 NO_2 年均浓度下降 0.23~1.27 $\mu g/m^3$,PM_{10} 和 $PM_{2.5}$ 也有不同程度地下降。天津市黄标车禁行政策的环境质量改善效益,2012 年、2013 年 PM_{10} 较明显,其中 2012 年 PM_{10} 浓度下降达到 2.75 $\mu g/m^3$,2013 年下降也达到 1.95 $\mu g/m^3$。河北省各市黄标车淘汰政策的环境质量改善效益差别较大,石家庄市、沧州市、廊坊市的 NO_x 改善效益较为显著,唐山市、保定市、张家口市的颗粒物改善效益较为显著;而且由于大多数地市在 2013 年、2014 年黄标车保有量较多,所以这两年的环境质量改善效益也最明显。

    对比京津冀三地主要大气污染物实际年均浓度数据可知,该区域黄标车禁行政策的大气污染物环境质量改善效益主要体现在政策实施初期的氮氧化物质量改善,特别是天津市和河北省,黄标车淘汰减质量改善效益明显,其中河北省 2013 年对氮氧化物改善幅度达 3.65%,天津市 2012 年达 3.57%。总体来看,黄标车禁行政策的环境质量改善效益为正,对于颗粒物质量改善也有明显的效果,2008 年北京市 PM_{10} 浓度改善达到 1.12%,2012 年天津市 $PM_{2.5}$ 浓度改善达到 2.62%。

表 6-162   北京市相关大气污染物浓度   单位:$\mu g/m^3$

污染物类别	2008 年	2009 年	2010 年	2011 年	2012 年	2013 年	2014 年	2015 年
NO_x	49	53	57	55	52	56	57	50
PM_{10}	122	121	121	114	109	108	116	102
$PM_{2.5}$	96	95	95	90	86	90	86	81

注:缺失年份 $PM_{2.5}$ 监测数据通过换算系数计算得到,下同。

表 6-163   北京市黄标车禁行政策质量改善占当年大气浓度比例   单位:%

污染物类别	2008 年	2009 年	2010 年	2011 年	2012 年	2013 年	2014 年	2015 年
NO_x	2.59	1.09	0.46	0.42	0.29	0.18	0.05	0.00
PM_{10}	1.12	0.53	0.23	0.27	0.16	0.09	0.03	0.00
$PM_{2.5}$	0.43	0.74	0.15	0.18	0.10	0.06	0.02	0.00

表 6-164　天津市相关大气污染物浓度及黄标车禁行政策改善占比

污染物类别	年均浓度/（μg/m³）				改善占浓度比例/%			
	2012 年	2013 年	2014 年	2015 年	2012 年	2013 年	2014 年	2015 年
NO_x	42	54	54	42	3.57	1.91	0.00	0.00
PM_{10}	105	150	133	116	2.62	1.30	1.13	0.00
$PM_{2.5}$	65	96	83	70	0.57	0.27	0.95	0.00

表 6-165　河北省相关大气污染物浓度及黄标车禁行政策改善占比

污染物类别	年均浓度/（μg/m³）			改善占浓度比例/%		
	2013 年	2014 年	2015 年	2013 年	2014 年	2015 年
NO_x	51	47	46	3.65	1.81	1.34
PM_{10}	190	164	136	0.30	0.13	0.11
$PM_{2.5}$	108	95	77	0.46	0.12	0.14

6.4.3.3　健康效益

（1）计算方法

禁行政策下由环境质量改善带来的健康效益，其原理与补贴政策下的健康效益一致，都是减少黄标车上路行驶（前者是减少上路时间，后者是减少上路数量），导致大气污染物排放量减少进而降低大气污染物浓度，从而带来健康终端的变化（包括减少过早死亡、降低住院率、减少支气管炎等）。因此两者的计算方法相同。首先分析并估算大气污染物浓度降低带来的各健康终端的健康效应变化（环境健康风险评估），其次对该健康效应进行货币化评估（环境健康价值评估），计算健康改善带来的经济效益。

（2）相关系数

由于禁行政策下的健康效益计算方法与补贴政策下的一致，所以其参数系数也一致。

（3）计算结果

①环境健康风险评估结果

表 6-166 汇总了由于实施黄标车禁行政策能够给各城市带来的健康效应变化量。从减少过早死亡（包括慢性过早死亡和急性过早死亡）人数来看，2008—2015 年北京市减少过早死亡人数为 809～4 287 人（平均 2 860 人），约占京津冀减少过早死亡人数总量

的 37.9%，其次是天津（平均减少过早死亡 1 148 人，约占京津冀的 15.2%）和石家庄（平均减少过早死亡 828 人，约占京津冀的 15.4%），而邢台、秦皇岛、廊坊、承德、张家口则较小，这 5 个城市减少过早死亡的人数不足京津冀减少过早死亡人数的 5%。

表 6-166　2008—2015 年京津冀地区实施黄标车禁行政策所带来的健康效应　　　　单位：人

地市	慢性过早死亡	急性过早死亡	呼吸道疾病住院	心血管疾病住院	慢性支气管炎
北京	2 519	341	20 617	12 865	8 572
天津	1 011	137	7 766	4 846	3 441
石家庄	729	99	5 086	3 174	2 476
承德	24	3	161	100	83
张家口	222	30	1 412	881	753
秦皇岛	28	4	190	119	97
唐山	618	84	4 015	2 505	2 102
廊坊	129	17	944	589	439
保定	689	93	4 972	3 103	2 342
沧州	307	42	2 186	1 364	1 046
衡水	148	20	1 040	649	505
邢台	71	10	498	311	242
邯郸	148	20	1 083	676	505
京津冀	6 644	899	49 970	31 181	22 603

从减少因病（包括呼吸道疾病和心血管疾病）住院的人数来看，2008—2015 年北京市减少因病住院人数最多，为 0.8 万～4.2 万人（平均约 3.3 万人），占京津冀减少因病住院人数的 41.3%；其次是天津和石家庄，平均分别减少因病住院人数约 1.26 万人和 0.82 万人，分别占京津冀减少因病住院人数的 15.5% 和 10.2%，而承德和秦皇岛最少，减少住院人数不到 400 人。

从减少患慢性支气管炎的人数来看，2008—2015 年，北京市减少慢性支气管炎患病人数为 0.3 万～1.8 万人（平均 0.86 万人），占京津冀减少患支气管炎人数的 37.9%；其次是天津和石家庄，平均分别减少慢性支气管炎患病人数 0.34 万人和 0.25 万人；邢台、秦皇岛最少，减少慢性支气管炎患病人数不足百人。

总体来看，在实施黄标车禁行政策后，北京由 $PM_{2.5}$ 浓度降低所产生的健康效应远大于京津冀其他城市，各健康终端变化量约占京津冀的 1/3 以上，其次是天津和石家庄，而承德、秦皇岛则最小。产生这样的结果包括两个方面的因素，一是北京实施黄标车禁行政策较早，从 2008 年开始到 2010 年淘汰结束，而其他城市在 2012 年、2013 年前后开始淘汰黄标车，淘汰黄标车越早、越多，产生的健康效应越高；二是北京、天津和石家庄这些大型或超大型城市人口相对密集、交通路网发达、污染暴露人群多，因此降低这些地区的 $PM_{2.5}$ 污染能够带来的潜在健康效应更大。

综上所述，在京津冀地区实施黄标车禁行政策，能有效降低 $PM_{2.5}$ 浓度，对京津冀地区整体的人群健康水平带来极大改善。

②环境健康价值评估结果

京津冀地区各城市实施黄标车禁行政策所产生的健康经济效益如表 6-167 所示。从表中可以看出，2008—2015 年京津冀地区实施黄标车禁行政策所带来的健康效益平均约为 283.0 亿元，其中北京市的健康效益最大，达到 133.6 亿元，约占京津冀总健康效益的 47.2%，远高于其他城市；其次是天津和唐山，健康效益分别约 59.2 亿元和 31.1 亿元，分别占京津冀总健康效益的 22.2% 和 13.5%。承德、秦皇岛、邢台的健康效益最小，这 3 个城市的健康效益之和不足京津冀总健康效益的 1%。

表 6-167　2008—2015 年京津冀地区实施黄标车禁行政策所带来的健康效益

单位：亿元

地市	过早死亡			因病住院			慢性支气管炎	总健康效益
	慢性过早死亡	急性过早死亡	小计	呼吸道疾病住院	心血管疾病住院	小计		
北京	48.4	6.6	55.0	7.0	4.2	11.2	67.4	133.6
天津	22.2	3.0	25.2	1.9	1.1	3.1	30.9	59.2
石家庄	8.4	1.1	9.5	0.6	0.4	1.0	11.6	22.1
承德	0.2	0.0	0.3	0.0	0.0	0.0	0.3	0.6
张家口	1.6	0.2	1.8	0.1	0.1	0.2	2.2	4.2
秦皇岛	0.3	0.0	0.3	0.0	0.0	0.0	0.4	0.8
唐山	12.1	1.6	13.7	0.4	0.2	0.6	16.8	31.1
廊坊	1.3	0.2	1.5	0.1	0.1	0.2	1.8	3.5
保定	4.5	0.6	5.1	0.3	0.2	0.5	6.3	11.9
沧州	3.3	0.5	3.8	0.2	0.1	0.2	4.6	8.7
衡水	1.0	0.1	1.1	0.1	0.0	0.1	1.4	2.7
邢台	0.4	0.1	0.5	0.0	0.0	0.0	0.6	1.2
邯郸	1.3	0.2	1.5	0.0	0.0	0.1	1.9	3.5
京津冀	105.2	14.2	119.4	10.9	6.5	17.3	146.3	283.0

注：此表为 2015 年不变价格。

从各健康终端来看，减少慢性过早死亡的健康效益要大于减少急性过早死亡带来的健康效益。京津冀各城市所实现的健康经济效益主要为避免过早死亡和减少慢性支气管炎所带来的效益，京津冀地区因减少过早死亡获得的健康效益为 119.4 亿元，因减少慢性支气管炎获得的经济效益为平均 146.3 亿元，这两大类健康终端带来的健康效益约占总健康效益的 94%。京津冀地区因减少患病住院所带来的健康效益约为 17.3 亿元。

6.4.3.4 黄标车禁行节省的费用

（1）计算公式

黄标车禁行节省的费用 C_{dc}：禁行的黄标车数量、每辆机动车的平均乘载率与换乘其他交通工具出行费用的乘积，即

$$C_{dc} = \theta \times V_d \times P_c \times M \qquad (6\text{-}28)$$

式中，C_{dc}——禁行成本，元；

θ——每辆机动车的平均乘载率，人/辆；

V_d——禁行的黄标车数量，辆；

P_c——每人年均小汽车出行费用，元/（人·km）；

M——机动车年均行驶里程，km。

（2）数据来源

本部分数据来源与禁行政策费用分析的数据来源一致。

（3）计算系数

①每人年均公共交通工具出行费用 P_c：基于研究结果——南京市小汽车出行成本，假设北京、天津、河北禁行条件下公共交通工具的出行费用为 1.753 元/（人·km）。

②本部分的其他计算系数与禁行政策费用分析的计算系数基本一致。

（4）计算结果

经过计算后，结果表明，2008—2015 年，京津冀地区黄标车禁行节省的费用为 702.26 亿元，其中北京、天津、河北的黄标车禁行节省的费用分别为 149.38 亿元、186.80 亿元、366.08 亿元。

表 6-168 京津冀地区历年黄标车禁行节省的费用   单位：亿元

地市	2008—2015 年	2008 年	2009 年	2010 年	2011 年	2012 年	2013 年	2014 年	2015 年
北京	149.38	72.76	33.41	14.85	11.88	8.91	5.64	1.93	
天津	186.80					88.11	63.44	35.25	
河北	366.08						204.85	101.83	59.40
石家庄	61.21						33.58	17.23	10.40
唐山	56.05						31.94	15.31	8.80
秦皇岛	19.48						11.22	5.31	2.95
邯郸	31.02						17.28	8.67	5.07
邢台	24.35						13.41	6.85	4.09
保定	52.95						29.30	14.86	8.79
张家口	17.79						9.95	4.93	2.91
承德	10.92						6.15	3.03	1.74
沧州	42.11						23.65	11.73	6.73
廊坊	31.83						18.01	8.74	5.08
衡水	18.37						10.36	5.17	2.84

6.4.4 净效益分析

从表 6-169 中可以看出，京津冀地区实施黄标车禁行政策将产生 927.22 亿元的净效益，总体来看，京津冀地区实施黄标车禁行淘汰政策所带来的效益远大于所产生的费用。其中，河北实施黄标车禁行政策产生的净效益最大，达到 428.75 亿元；北京、天津次之，净效益分别平均为 269.42 亿元和 229.05 元；在河北省各市中，承德、张家口、秦皇岛、衡水这 4 个城市的净效益相对较小，均低于 20 亿元。

表 6-169　2008—2015 年京津冀地区实施黄标车禁行政策的费用效益比较　　　单位：亿元

地区	总费用	总效益	净效益
京津冀	58.06	985.28	927.22
北　京	13.55	282.97	269.42
天　津	16.94	245.99	229.05
河　北	27.57	456.32	428.75
石家庄	4.61	83.33	78.72
承　德	0.82	11.52	10.70
张家口	1.34	21.99	20.65
秦皇岛	1.47	20.28	18.81
唐　山	4.22	87.16	82.94
廊　坊	2.4	35.36	32.96
保　定	3.99	64.88	60.89
沧　州	3.17	50.78	47.61
衡　水	1.38	21.02	19.64
邢　台	1.83	25.51	23.68
邯　郸	2.34	34.50	32.16

注：表中数据按 2015 年价格计算。

表 6-170 的结果显示，2008—2015 年，京津冀地区实施黄标车禁行政策的净效益均为正值，表明京津冀地区实施黄标车禁行政策获得的效益大于产生的费用。

表 6-170　京津冀地区实施黄标车禁行政策的净效益　　　单位：亿元

地区	2008 年	2009 年	2010 年	2011 年	2012 年	2013 年	2014 年	2015 年	合计
京津冀	70.61	42.92	28.24	28.20	112.75	305.61	202.30	136.59	927.22
北京	70.61	42.92	28.24	28.20	27.41	25.90	23.58	22.57	269.42
天津	0.00	0.00	0.00	0.00	85.34	66.94	54.12	22.65	229.05
河北	0.00	0.00	0.00	0.00	0.00	212.77	124.61	91.38	428.75

注：表中数据按 2015 年价格计算。

6.4.5　不确定性分析

（1）在计算禁行成本时，并未考虑载货汽车和大型载客汽车的成本增加，因而禁行成本存在一定低估。由于数据资料的限制，京津冀地区的机动车年均行驶里程和乘载率的取值存在一定误差。出行成本取值方面，选用的有关研究成果数据存在一定误差。

（2）在计算黄标车禁行成本时，对车主换乘其他交通工具的费用以及节省的费用计算进行了简化，未考虑车的时间节省成本、舒适度降低等因素。

（3）黄标车禁行量范围的估计。由于京津冀地区黄标车禁行范围不是全域覆盖，时间也不是全年禁行，因此计算时会产生一定误差。

（4）与 6.3.5 的不确定性分析一样，黄标车禁行政策政策的效益分析中同样存在黄标车车况差异大、黄标车车主出行选择难以确定、监测数据的代表性差、参数系数的本地化不足等问题，从而影响了最终费用效益分析结果。

6.5　经济社会影响分析

6.5.1　经济社会影响机理与模型

6.5.1.1　影响机理

根据宏观经济学理论可知，经济系统中的任何变化都将对整个经济系统产生直接和间接的影响，包括不同主体（政府、居民、企业）、不同方面（生产供给、消费需求）、不同指标（GDP、价格、进出口、居民收入等）的影响。淘汰黄标车政策同样对经济系统的多个方面带来了影响，比如补贴资金将加快汽车淘汰，刺激汽车产业发展，进而通过产业链对整个经济系统带来影响。然而，考虑到政府的补贴资金不会凭空而来，必然存在机会成本，即这部分资金本来会用于其他方面（如教育、交通等），因此，从理论的角度来看，从整个经济系统评估黄标车补贴政策更加合理。然而，考虑到数据可得性、模型复杂性问题，本研究仅从局部分析淘汰补贴对汽车产业的带动作用，不进行补贴政策对整个系统的复杂分析。

根据宏观经济学理论可知，淘汰黄标车政策通过补贴车主将带动对新车的产品需求。新车在生产过程中将增加产业上下游链条的产品生产，如发动机、轮胎等上游产品需求和运输、销售、金融等下游产业需求。上下游产业再通过产业链带动钢铁、橡胶等其他产业，最终对整个国民经济产生拉动作用。通过投入产出模型可以捕捉最终产品需求的变化对国民经济不同指标（总产出、GDP、居民收入和就业）的影响。

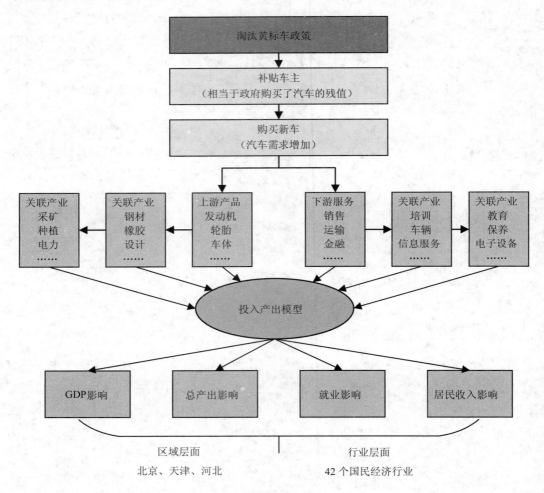

图 6-15 　淘汰黄标车经济影响分析机理

6.5.1.2　测算模型

投入产出模型是指采用数学方法来表示投入产出表中各部门之间的复杂关系，从而用于进行经济分析、政策模拟、计划论证和经济预测等，投入产出分析通过编制投入产出表来实现。投入产出表是指反映各种产品生产投入来源和去向的一种棋盘式表格，由投入表与产出表交叉而成。前者反映各种产品的价值，包括物质消耗、劳动报酬和剩余产品；后者反映各种产品的分配使用情况，包括投资、消费、出口等。投入产出表可以用来揭示国民经济中各部门之间经济技术的相互依存、相互制约的数量关系。

直接消耗系数又称投入系数或技术系数，其定义是：每生产单位 j 产品需要消耗 i 产品的数量。一般用 a_{ij} 表示。完全消耗系数定义为每生产单位 j 种最终产品要直接、各种间接消耗（即完全消耗）i 种产品的数量。一般用 b_{ij} 来表示。

根据上述平衡式以及直接消耗系数，我们可以将投入产出表按行建立投入产出模型，其可以反映各部门产品的生产与分配使用情况，描述最终产品与总产品之间的价值平衡关系。其方程表达式如下：

$$\sum_{j=1}^{n} a_{ij} \cdot x_j + y_i = x_i; (i = 1, 2, \cdots, n) \tag{6-29}$$

其可以进一步写成矩阵式

$$(I - A)X = Y \tag{6-30}$$

$$X = (I - A)^{-1}Y \tag{6-31}$$

式（6-31）中，A 代表直接消耗系数矩阵，X 代表总产值，Y 代表最终产品。投入产出模型反映了最终产品拉动总产出的经济机制。

（1）总产出影响

我们设定 ΔY 为由于淘汰黄标车导致的新增购车资金量[①]的列向量，那么根据式（6-31），就有

$$\Delta X = (I - A)^{-1} \Delta Y \tag{6-32}$$

其中，ΔX 表示由于购买新车这一行为通过产业链上下游传导，导致整个宏观经济总产出的增加量。这是利用投入产出模型模拟黄标车淘汰政策经济影响的核心原理。

---

① ΔY 是一个 43 个行业的列向量，其中购买新车所需的资金作为"汽车整车制造业"的值，其他行业值为 0。

（2）增加值（或 GDP）影响

由于增加值是国民总产出减去中间产出的剩余值，如果假设各产业部门增加值占其总产出的比例保持不变的话，新增汽车消费导致总产出的变化同样会引起增加值的变化，这样可以通过总产出间接测算出新增汽车消费对增加值的影响。在此引入增加值系数为 $N_j = n_j/x_j$，$j = 1,2,\cdots,n$，其中 N_j 为第 j 部门的增加值系数，n_j 为第 j 部门的增加值，x_j 为第 j 部门的总产出。设 $\hat{N}$ 为增加值系数的对角矩阵向量，那么可以得到：

$$\Delta N = \hat{N}\Delta X = \hat{N}(I - A)^{-1}\Delta Y \tag{6-33}$$

上式揭示了新增汽车消费与增加值（GDP）之间的数量关系，其中 ΔN 为列向量矩阵，表示由于新增汽车消费（ΔY）引起的各行业部门增加值的变化量，即新增汽车消费对 GDP 的影响。

（3）居民收入贡献度基本模型

经济部门的生产过程既是对燃料动力、原材料、服务的消耗过程，也是对劳动力的消耗过程。对劳动力消耗的多少可以用支付劳动报酬的数量或劳动者的劳动收入来反映。因此，在创造生产需求的同时，也就增加了居民收入。依据增加最终产品→扩大生产规模→增加居民收入的内在逻辑关系，可以定量地计算新增汽车消费对国民经济所产生的收入影响。

在此引入劳动者报酬系数：$V_j = v_j/x_j$，$j = 1,2,\cdots,n$，其中 V_j 为第 j 部门的劳动者报酬系数，表明各行业部门劳动报酬占总产出的比重。v_j 为第 j 部门的劳动报酬，x_j 为第 j 部门的总产出。设 $\hat{V}$ 为劳动者报酬系数的对角矩阵向量，那么可以得到：

$$\Delta V = \hat{V}\Delta X = \hat{V}(I - A)^{-1}\Delta Y \tag{6-34}$$

上式揭示了新增汽车消费与居民收入之间的数量关系，其中 ΔV 为列向量矩阵，表示由于新增汽车消费（ΔY）引起的各行业部门居民收入的变化量，即新增汽车消费对居民收入变化的影响。

（4）就业贡献度基本模型

新增汽车消费的就业影响是从劳动力占用的角度反映新增汽车消费对国民经济所产生的就业需求变动量。计算就业影响的前提假设是：各部门万元总产出占用的劳动力数量在短期内是基本稳定的。那么，由淘汰黄标车导致的新车消费需求变化就会引起全社会总产出的变化，进而引起劳动力数量的相应变化，即淘汰黄标车→增加新车消费→增加最终产品需求→扩大生产规模→增加劳动力需求。

在此引入劳动力投入系数：$L_j = l_j / x_j$，$j = 1, 2, \cdots, n$，其中 L_j 为第 j 部门的劳动力投入系数，表明各行业部门万元总产出需要投入的劳动力数量[人/（万元·a）]。l_j 为第 j 部门的劳动力数量，x_j 为第 j 部门的总产出。设 $\hat{L}$ 为劳动力投入系数的对角矩阵向量，那么可以得到：

$$\Delta L = \hat{L} \Delta X = \hat{L}(I - A)^{-1} \Delta Y \qquad (6\text{-}35)$$

上式揭示了新车消费与劳动力就业之间的数量关系，其中 ΔL 为列向量矩阵，表示由于新增汽车消费（ΔY）引起的各行业部门劳动力就业的变化量，即淘汰黄标车对劳动力就业的影响。

（5）总产出贡献度扩展模型

在基本模型中只考虑了淘汰黄标车、新增汽车消费导致的最终产出变化在生产领域内对国民经济各部门的直接影响和间接影响，而不包括消费领域中由新增汽车消费引起的居民消费变化对生产领域国民经济各生产部门再次的诱发影响。实际上，在我国现阶段，这种由居民消费引起的诱发影响有时是不可忽视，甚至是相当重要的，其对国民经济的影响占有相当的比重，影响的地域范围和行业范围更加广泛，持续时间更长。

因此，本研究将对基本模型进行扩展，使其能够反映居民消费的诱发影响。在此，需要引进相关系数，并在测算诱发影响时扣除居民消费的经济漏损。一般主要有三种漏损：储蓄、税收和进口。因此，需要扣除相应的漏损，使分析结果更加科学合理。

在此需要引入以下系数和参数：

①居民直接消费系数——$F_i = f_i / \sum_i f_i$，$i = 1, 2, \cdots, n$。

其中，f_i 为环境投入产出表中第 i 部门的居民消费。表明居民对各部门最终产品的消费比重。

②最终产品国内满足率——$h_i = y_i / x_i$，$i = 1, 2, \cdots, n$

其中，h_i 为环境投入产出表中第 i 部门的最终产品国内满足率，y_i 和 x_i 分别为第 i 部门最终产品和总产品。利用最终产品国内满足率可以去除进口漏损。

③边际消费倾向——$C = \Delta csm / \Delta icm$。

其中，Δcsm 表示居民消费支出增量；Δicm 表示居民收入增量。边际消费倾向（C）表示收入增加一个单位时，消费支出增加的数量，也就是消费增量占收入增量的比例。它的数值通常是大于 0 而小于 1 的正数，这表明，消费是随收入增加而相应增加的，但消费增加的幅度低于收入增加的幅度，即边际消费倾向是随着收入的增加而递减的。利用边际消费倾向可以去除储蓄漏损。

④边际税收倾向——$t = \Delta tax / \Delta icm$。

其中，t 表示边际税收倾向，或称边际税率，它是指收入增量 Δicm 与其引致的税收增量 Δtax 的比率，利用边际税收倾向可以去除税收漏损。

在式（6-34）的基础上，可以获得新增汽车消费与各部门的劳动报酬关系。

$$\Delta V = C(1-t)\hat{V}\Delta X \tag{6-36}$$

其中，$\hat{V}$ 表示劳动报酬系数的对角矩阵；C 表示边际消费倾向；t 表示边际税收倾向。那么 ΔV 则表示剔除了储蓄和税收漏损后各行业部门可用于消费的劳动报酬向量。该行向量中的每个元素各自表示在存在闲置生产能力的条件下，假定劳动者报酬系数不变，新增汽车消费对最终产品的变化经过生产部门内部的反馈，可能引起的该行业部门用于最终消费的居民收入增量。然后，引入最终产品国内满足率和居民直接消费系数，则得到

$$\Delta Y_c = C(1-t)\hat{h}Fi'\hat{V}\Delta X \tag{6-37}$$

其中，$\hat{h}$ 表示最终产品国内满足率对角矩阵，用于扣除进口漏损，$i' = (1,2,\cdots,n)$ 表示单位行向量；F 表示居民直接消费系数列向量；ΔY_c 表示新增汽车消费引起的居民最终消费变化量列向量。

消费、投资和出口是拉动经济增长的"三驾马车"。居民消费的变化同样会对国民经济增长具有较大的影响作用。因此可以进一步获得最终消费的变化对经济（总产出）的影响作用

$$\Delta X' = (I-A)^{-1}\Delta Y_c = C(1-t)(I-A)^{-1}\hat{h}Fi'\hat{V}\Delta X \tag{6-38}$$

其中，$\Delta X'$ 表示新增汽车消费引起的第一轮国民总产出变化量引起的居民收入变化量转变为消费增量后，对国内生产体系形成反馈，所带动的总产出的新增加，即居民消

费部门的诱发作用下的第二轮总产出增加。第二轮总产出增加同样会带来第二轮劳动报酬的增加，通过居民消费部门的诱发作用引起总产出的第三轮增长，从而带动居民收入的新一轮增加，生产（供给）与消费（需求）就这样互为条件、互相促进，这种生产-消费-生产的循环将继续进行下去，直至经济系统重新达到平衡。可以继续用公式进行推导：

$$\Delta \overline{X} = \Delta X + \Delta X' + \Delta X'' + \cdots + \Delta X^n \tag{6-39}$$

其中，$\Delta \overline{X}$ 代表新增汽车消费对总产出的总的贡献效应；ΔX、$\Delta X'$、$\Delta X''$、ΔX^n 分别代表在消费的诱发作用下新增汽车消费对总产出的第 1、2、3 和 n 轮贡献效应。进一步可以得到

$$\Delta \overline{X} = (I - A)^{-1}(Y + Y_c + Y'_c + Y''_c + \cdots + Y_c^n) \tag{6-40}$$

$$\Delta \overline{X} = (I - A)^{-1}\{\Delta Y + C(1-t)\hat{h}Fi'\hat{V}(I - A)^{-1}\Delta Y +$$

$$C(1-t)\hat{h}Fi'\hat{V}(I - A)^{-1}C(1-t)\hat{h}Fi'\hat{V}(I - A)^{-1}\Delta Y + \cdots\} \tag{6-41}$$

设定 $\overline{A} = (I - A)^{-1}$，$\overline{B} = C(1-t)\hat{h}Fi'\hat{V}$，$\overline{K} = \overline{B}\overline{A}$，则式（6-41）可以写为

$$\Delta \overline{X} = \overline{A}(I + \overline{K} + \overline{K}^2 + \cdots + \overline{K}^n)\Delta Y \tag{6-42}$$

其中，$(I + \overline{K} + \overline{K}^2 + \cdots + \overline{K}^n) = (I - \overline{K})(I + \overline{K} + \overline{K}^2 + \cdots + \overline{K}^n)(I - \overline{K})^{-1}$

$$= (I - \overline{K})^{-1}(I - \overline{K}^{n+1})$$

由于 $\overline{K}$ 中的元素均大于 0 小于 1，则随着 n 趋向于无限大，$\overline{K}^{n+1}$ 将趋向于 0，那么将得到 $(I + \overline{K} + \overline{K}^2 + \cdots + \overline{K}^n) = (I - \overline{K})^{-1}$，则由式（6-42）可以进一步推导出：

$$\Delta \overline{X} = \overline{A}(I - \overline{K})^{-1}\Delta Y \tag{6-43}$$

将 $\overline{A}$ 和 $\overline{K}$ 代入上式可得

$$\Delta \overline{X} = (I - A)^{-1}(I - C(1-t)\hat{h}Fi'\hat{V}(I - A)^{-1})^{-1}\Delta Y \tag{6-44}$$

式（6-44）中就是考虑了居民消费的诱发贡献效应以及扣除经济漏损情况下新增汽

车消费 ΔY 与国民经济总产出 $\Delta \overline{X}$ 之间的相互作用关系的总产出贡献度扩展模型。这样可以测算出由于新增汽车消费对最终需求的影响变化量而引起的国民经济总产出的变化量，也就是考虑消费诱发的淘汰黄标车对国民经济发展的影响。

（6）增加值、居民收入、就业影响扩展模型

与基本模型原理相同，增加值等影响的扩展模型同样可以通过增加值系数、劳动者报酬系数以及劳动力投入系数等与总产出计算求得

$$\overline{N} = \hat{N}\overline{X} = \hat{N}\overline{A}(I - \overline{BA})^{-1}\Delta Y \tag{6-45}$$

$$\overline{V} = \hat{V}\overline{X} = \hat{V}\overline{A}(I - \overline{BA})^{-1}\Delta Y \tag{6-46}$$

$$\overline{L} = \hat{L}\overline{X} = \hat{L}\overline{A}(I - \overline{BA})^{-1}\Delta Y \tag{6-47}$$

其中，$\overline{A} = (I - A)^{-1}$，$\overline{B} = C(1-t)\hat{h}Fi'\hat{V}$。上面 3 个公式分别是考虑了居民消费的诱发影响以及扣除经济漏损情况下新增汽车消费 ΔY 与增加值、居民收入和就业之间的相互作用关系扩展模型。

（7）经济影响区域分解模型

采用"自上而下"的方式将四类经济影响分解到省级行政区，设定 X_j^*、N_j^*、V_j^*、L_j^* 分别表示淘汰黄标车对总产出、增加值、居民收入、就业的经济影响列向量。设 $\overline{x}_{ij}$、$\overline{n}_{ij}$、$\overline{v}_{ij}$、$\overline{l}_{ij}$ 分别表示第 i 个省份的第 j 行业总产出、增加值、居民收入、就业人数占全国第 j 行业的比重，数据分别来源于 2012 年各省市统计年鉴和《中国劳动统计年鉴》，则各省市四类经济影响为：

$$X_i^* = \sum_j^{42} X_j^* \times \overline{x}_{ij}；\quad N_i^* = \sum_j^{42} N_j^* \times \overline{n}_{ij}；\quad V_i^* = \sum_j^{42} V_j^* \times \overline{v}_{ij}；\quad L_i^* = \sum_j^{42} L_j^* \times \overline{l}_{ij} \tag{6-48}$$

其中 i 为除西藏和台湾外的 30 个行政省市，j 为投入产出表中的 42 个行业。

6.5.2　数据来源与参数系数

新增汽车消费：来源于成本测算结果，2008—2015 年新车购置费用共计 1 825.75 亿元。

投入产出表数据：本研究所用投入产出表（IO 表）为中国统计局发布的最新 2012 年价值型投入产出表，共分为 42 个行业 IO 表 139 个行业。在 42 个行业 IO 表的基础上，依据 139 个细分表数据，将"交通运输设备"行业拆分为"汽车整车"和"其他交通运输设备"两个行业，最终形成 43 个部门 IO 表（表 6-171）。

表 6-171 投入产出表细分行业

序号	行业名称	序号	行业名称
1	农林牧渔产品和服务	23	其他制造产品
2	煤炭采选产品	24	废品废料
3	石油和天然气开采产品	25	金属制品、机械和设备修理服务
4	金属矿采选产品	26	电力、热力的生产和供应
5	非金属矿和其他矿采选产品	27	燃气生产和供应
6	食品和烟草	28	水的生产和供应
7	纺织品	29	建筑
8	纺织、服装、鞋帽、皮革、羽绒及其制品	30	批发和零售
9	木材加工品和家具	31	交通运输、仓储和邮政
10	造纸、印刷和文教体育用品	32	住宿和餐饮
11	石油、炼焦产品和核燃料加工品	33	信息传输、软件和信息技术服务
12	化学产品	34	金融
13	非金属矿物制品	35	房地产
14	金属冶炼和压延加工品	36	租赁和商务服务
15	金属制品	37	科学研究和技术服务
16	通用设备	38	水利、环境和公共设施管理
17	专用设备	39	居民服务、修理和其他服务
18	汽车整车	40	教育
19	其他交通运输设备	41	卫生和社会工作
20	电气机械和器材	42	文化、体育和娱乐
21	通信设备、计算机和其他电子设备	43	公共管理、社会保障和社会组织
22	仪器仪表		

相关系数：分行业增加值系数、劳动报酬系数、国内商品满足率、居民消费结构系数、劳动力投入系数等系数如表 6-172 所示，均基于 IO 表中数据及外部数据测算获得。其中，计算劳动力投入系数所需的分行业就业数据来源于《中国劳动统计年鉴》。另外，边际消费倾向和边际税收倾向根据文献和资料分别设定为 0.5 和 0.2。

表 6-172　分行业相关系数

行业名称	增加值系数	劳动报酬系数	国内商品满足率	居民消费结构系数	劳动力投入系数
农林牧渔产品和服务	0.59	0.59	0.99	0.10	25
煤炭采选产品	0.49	0.25	1.00	0.00	528
石油和天然气开采产品	0.61	0.12	0.99	0.00	1370
金属矿采选产品	0.39	0.17	1.00	0.00	1104
非金属矿和其他矿采选产品	0.44	0.19	0.98	0.00	669
食品和烟草	0.24	0.07	0.97	0.19	1568
纺织品	0.19	0.09	0.86	0.00	434
纺织、服装、鞋帽、皮革、羽绒及其制品	0.21	0.12	0.65	0.05	165
木材加工品和家具	0.23	0.10	0.81	0.01	277
造纸、印刷和文教体育用品	0.24	0.11	0.82	0.01	367
石油、炼焦产品和核燃料加工品	0.19	0.04	0.97	0.01	4456
化学产品	0.19	0.07	0.93	0.03	2133
非金属矿物制品	0.25	0.10	0.94	0.00	700
金属冶炼和压延加工品	0.18	0.06	0.96	0.00	2334
金属制品	0.20	0.09	0.87	0.00	450
通用设备	0.21	0.10	0.85	0.00	729
专用设备	0.22	0.10	0.90	0.00	673
汽车整车	0.20	0.07	0.96	0.03	1152
其他交通运输设备	0.20	0.11	0.88	0.01	1152
电气机械和器材	0.17	0.07	0.80	0.02	864
通信设备、计算机和其他电子设备	0.17	0.09	0.66	0.02	786
仪器仪表	0.23	0.10	0.79	0.00	527
其他制造产品	0.21	0.10	0.80	0.00	403
废品废料	0.77	0.04	0.99	0.00	403
金属制品、机械和设备修理服务	0.21	0.14	1.00	0.00	403
电力、热力的生产和供应	0.26	0.07	1.00	0.01	1446
燃气生产和供应	0.22	0.06	1.00	0.01	593
水的生产和供应	0.46	0.23	1.00	0.00	285
建筑	0.27	0.16	0.99	0.00	323
批发和零售	0.69	0.21	0.84	0.06	80
交通运输、仓储和邮政	0.37	0.18	0.91	0.03	241
住宿和餐饮	0.41	0.27	0.98	0.06	137
信息传输、软件和信息技术服务	0.47	0.15	0.96	0.03	474

行业名称	增加值系数	劳动报酬系数	国内商品满足率	居民消费结构系数	劳动力投入系数
金融	0.60	0.19	0.99	0.05	686
房地产	0.75	0.09	1.00	0.10	774
租赁和商务服务	0.33	0.16	0.89	0.01	547
科学研究和技术服务	0.37	0.20	1.00	0.00	588
水利、环境和公共设施管理	0.41	0.24	0.98	0.00	200
居民服务、修理和其他服务	0.52	0.35	0.99	0.04	106
教育	0.73	0.63	1.00	0.03	121
卫生和社会工作	0.43	0.36	1.00	0.05	247
文化、体育和娱乐	0.50	0.27	0.93	0.01	188
公共管理、社会保障和社会组织	0.60	0.52	1.00	0.00	169

注：劳动力投入系数的单位为万元/人。

6.5.3 经济社会影响分析结果

6.5.3.1 总的经济影响

京津冀三省市淘汰黄标车将导致新增汽车消费 1 884.1 亿元，将带动我国总产出增加 8 351.7 亿元，其中直接影响 1 884.1 亿元，占比 22.6%；间接影响 6 467.6 亿元，占比 77.4%。将带动 GDP 增加 2 344.2 亿元，其中直接影响为 371.1 亿元，间接影响为 1 972.4 亿元。将增加居民收入 981.0 亿元，其中直接影响为 126.1 亿元，间接影响为 853.9 亿元。将新增就业岗位 14.2 万人，其中直接新增就业 3 000 人，间接新增就业 13.7 万人。总体来看，淘汰黄标车将直接促进我国汽车产业的发展，并通过产业链条带动国民经济实现增长，对宏观经济起到积极作用。

表 6-173 淘汰黄标车政策对宏观经济的影响分析

指标	直接影响	间接影响	总影响
总产出/亿元	1 884.1	6 467.6	8 351.7
增加值/亿元	371.1	1 972.4	2 344.2
居民收入/亿元	126.1	853.9	981.0
非农就业/万人	0.3	13.7	14.2

6.5.3.2　分行业经济影响

从各行业总产出来看，淘汰黄标车政策对各行业贡献作用具有较大的差别，受影响最大的行业是汽车整车制造业，为 2 072 亿元，占总产出影响的 1/4 左右，另外，其他交通运输设备、金属冶炼和和压延加工品、化学工业、批发零售以及交通运输和仓储等行业也受到较大影响，总产出分别增加了 953 亿元、749 亿元、556 亿元、299 亿元、270 亿元，这些行业均与汽车制造业关系密切，属于上下游关系。

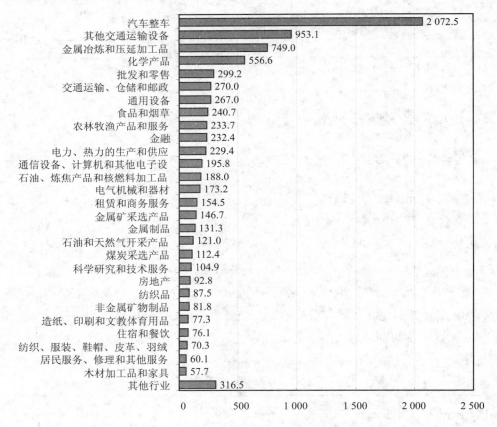

图 6-16　淘汰黄标车政策对各行业总产出影响（亿元）

从各行业增加值来看，受影响最大的行业仍然是汽车整车制造业，增加值增长共计约 408 亿元，占增加值影响的 17% 左右，另外，批发零售业、其他交通运输设备、金融、以及金属冶炼和压延加工品行业也受到较大影响，增加值分别增加了 206 亿元、190 亿元、138 亿元、136 亿元、135 亿元。

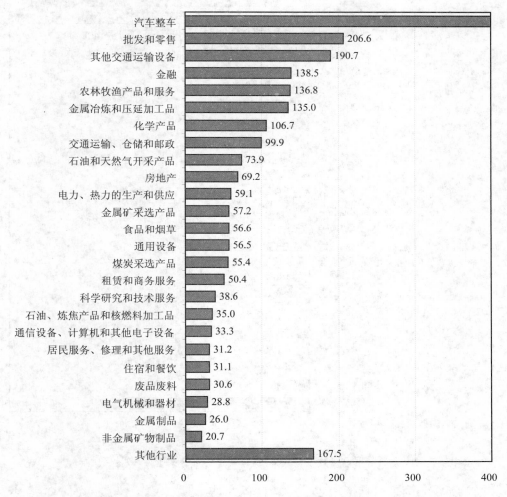

图 6-17　淘汰黄标车政策对各行业增加值的影响（亿元）

从各行业居民收入影响来看，受影响最大的行业仍然是汽车整车制造业，增加居民收入共计约 139 亿元，占增加值影响的 14%左右。另外，农业居民收入增加基本与汽车行业相当，也达到 138 亿元。其他交通运输设备、批发零售业、交通运输、金融、农业以及金属冶炼和压延加工品行业也受到较大的影响，居民收入分别增加了 100 亿元、

61 亿元、48 亿元、43 亿元、42 亿元。

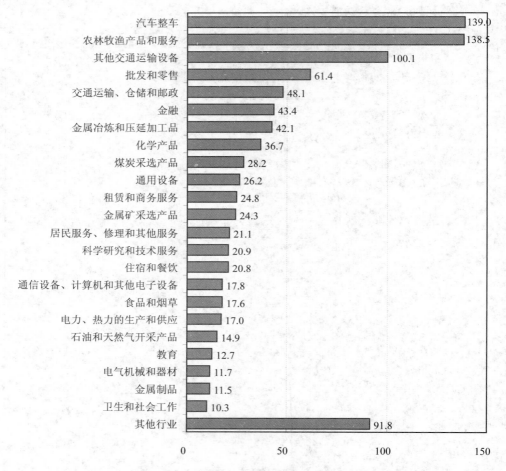

图 6-18 淘汰黄标车政策对各行业居民收入的影响（亿元）

从各行业就业影响来看，受影响最大的行业是批发零售业，增加就业岗位共计约 3.75 万人，占非农就业人数影响的 26.5%。汽车制造业增加就业为 1.8 万人，排在第二。交通运输、其他交通运输设备、居民服务、住宿餐饮等行业新增就业岗位也较多，就业岗位分别增加了 11 200 人、8 300 人、5 700 人、5 500 人。

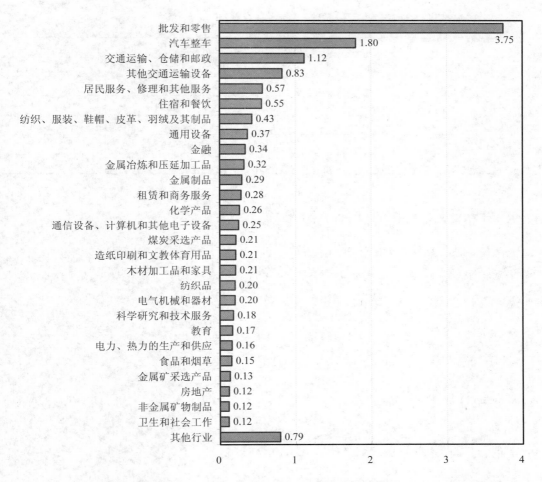

图 6-19　淘汰黄标车政策对各行业就业的影响（万人）

6.5.3.3　分区域经济影响

从经济影响的区域来看，淘汰黄标车政策实施使京津冀地区总产出增加 906.7 亿元、GDP 增加 254.3 亿元、居民收入增加 108.5 亿元、就业增加 2.2 万人，分别占全国比重的 10.9%、10.8%、11.1%、9.4%。其中，河北省经济影响更大，其次是北京市和天津市。

表 6-174 宏观影响区域分布情况

区域	总产出/亿元	GDP/亿元	居民收入/亿元	就业/万人
北京	292.4	76.5	32.4	0.5
天津	246.4	68.1	23.7	0.4
河北	367.9	109.8	52.5	1.2
京津冀合计	906.7	254.3	108.5	2.2
其他省份	7 444.5	2 089.7	872.2	21.3
京津冀占比/%	10.9	10.8	11.1	9.4

6.5.3.4 不确定性分析

由于经济影响分析采用的是 2012 年投入产出模型静态分析各年份淘汰黄标车政策，各年份间产业结构、相关系数均存在动态变化，因此可能会对结果带来一定的不确定性，但根据经验可知，误差对结果的影响不大。

6.6 对比总结与建议

6.6.1 对比分析结论

6.6.1.1 补贴政策的费用效益分析结论

（1）根据黄标车淘汰补贴政策的费用效益分析结果，2008—2015 年，京津冀地区黄标车淘汰数量共计 136.22 万辆，其中北京淘汰 25.6 万辆，天津淘汰 29 万辆，河北淘汰 81.62 万辆；而北京、天津、河北领取淘汰补贴的黄标车淘汰数量分别为 21.60 万辆、29.00 万辆、81.62 万辆。

（2）从投入的费用来看，2008—2015 年京津冀地区黄标车实施黄标车淘汰政策的社会总成本（主要为黄标车残值）为 136.87 亿元，其中北京、天津、河北的社会总成本（黄标车残值）分别为 26.20 亿元、25.55 亿元、85.12 亿元。

（3）从产生的效益来看，2008—2015 年京津冀地区实施黄标车淘汰政策所带来的总效益约为 340.2 亿元，其中北京市的效益最大，平均 190.5 亿元，约占京津冀总效益的

55.9%，远高于其他城市；其次是天津和石家庄，效益分别平均为 52.7 亿元和 39.2 亿元，分别占京津冀总效益的 15.4% 和 11.5%。邢台、秦皇岛、廊坊、张家口、承德的效益最小，这 5 个城市的效益之和不足京津冀总效益的 1%。

（4）对比费用与效益来看，2008—2015 年京津冀地区实施黄标车淘汰政策所产生的净效益为 203.4 亿元，即京津冀地区实施黄标车淘汰补贴政策的效益大于所投入的费用。其中，北京实施黄标车淘汰政策产生的净效益最大，达到 164.3 亿元，其次为天津，净效益达到 27.1 亿元，河北实施黄标车淘汰政策产生的净效益为 12 亿元。从河北省各市实施黄标车淘汰补贴政策的情况来看，除石家庄、唐山、沧州、衡水的平均净效益分别为正值外，其余城市的平均净效益均为负值，表明在政策实施周期内，河北省大部分城市实施黄标车淘汰补贴政策的费用大于效益。

此外，黄标车淘汰补贴政策实施将促进京津冀地区总产出增加 906.7 亿元、GDP 增加 254.3 亿元、居民收入增加 108.5 亿元、就业增加 2.2 万人，分别占全国比重的 10.9%、10.8%、11.1%、9.4%。其中，河北省经济影响更大，其次是北京市和天津市。

综合来看，京津冀地区实施黄标车淘汰补贴政策总体上效益大于费用，且将对经济社会产生积极影响，由此证明该项政策总体是可行的。

6.6.1.2　禁行政策的费用效益分析结论

（1）从投入的费用看，2008—2015 年，京津冀地区实施黄标车禁行政策的社会总成本为 58.06 亿元，其中北京、天津、河北的社会总成本分别为 13.55 亿元、16.94 亿元、27.57 亿元。

（2）从产生的效益看，2008—2015 年京津冀地区实施黄标车禁行政策所带来的总经济效益约为 985.28 亿元，其中北京市的健康效益最大，达到 133.6 亿元，约占京津冀总健康效益的 47.2%，远高于其他城市；其次是天津和唐山，健康效益分别为 59.2 亿元、31.1 亿元，分别占京津冀总健康效益的 22.2% 和 13.5%。承德、秦皇岛、邢台的健康效益最小，这 3 个城市的健康效益之和不足京津冀总健康效益的 1%。从禁行节省的出行费用来看，京津冀共节省 702.26 亿元，其中河北最高，达到 366.08 亿元，天津和北京次之，分别达到 186.80 亿元和 149.38 亿元。

（3）对比费用与效益来看，2008—2015 年京津冀地区实施黄标车禁行政策将产生 927.22 亿元的净效益。其中，河北实施黄标车禁行政策产生的净效益最大，达到 428.75

亿元；北京、天津次之，净效益分别为 269.42 亿元和 229.05 亿元；在河北省各市中，承德、张家口、秦皇岛、衡水这 4 个城市的净效益相对较小，均低于 20 亿元。

综合来看，京津冀地区实施黄标车禁行政策所带来的效益远大于所产生的费用，由此证明该项政策总体上是可行的。

6.6.1.3　补贴政策与禁行政策的费用效益对比分析结论

根据 6.3.4、6.4.4 节分析，2008—2015 年，京津冀地区实施黄标车淘汰补贴政策的净效益为 203.4 亿元，其中，北京、天津、河北的净效益分别为 164.3 亿元、27.1 亿元、平均 12 亿元；同期实施黄标车禁行政策产生的净效益为 927.22 亿元，其中北京、天津、河北的净效益分别为 269.42 亿元、229.95 亿元和 428.75 亿元。由此可见，无论是京津冀地区总净效益还是京津冀各城市的净效益，实施禁行政策的净效益都要高于补贴政策。

6.6.1.4　黄标车淘汰政策（两项政策）的费用效益分析结论

将黄标车淘汰补贴政策的费用效益分析结果与黄标车禁行政策的费用效益分析结果进行综合对比，如表 6-175 所示。根据对比结果，京津冀地区实施黄标车淘汰政策（包括补贴政策和禁行政策）的总费用是 194.9 亿元，总效益是 1 325.5 亿元，净效益达到 1 130.6 亿元。综合来看，京津冀黄标车淘汰政策是可行的。

表 6-175　2008—2015 年京津冀地区实施黄标车淘汰政策的费用效益比较　　单位：亿元

地区	黄标车淘汰补贴政策			黄标车禁行政策			黄标车淘汰政策（合计）		
	费用	效益	净效益	费用	效益	净效益	总费用	总效益	净效益
京津冀	136.9	340.2	203.4	58.06	985.28	927.22	194.9	1 325.5	1 130.6
北京	26.2	190.5	164.3	13.55	282.97	269.42	39.8	473.4	433.7
天津	25.6	52.7	27.1	16.94	245.99	229.05	42.5	298.7	256.2
河北	85.1	97.1	12.0	27.57	456.32	428.75	112.7	553.4	440.8
石家庄	16.6	39.2	22.6	4.61	83.33	78.72	21.2	122.5	101.3
承德	5.0	1.2	−3.8	0.82	11.52	10.70	5.9	12.8	6.9
张家口	2.4	0.5	−1.9	1.34	21.99	20.65	3.7	22.5	18.8
秦皇岛	5.6	0.4	−5.2	1.47	20.28	18.81	7.1	20.7	13.6

地区	黄标车淘汰补贴政策			黄标车禁行政策			黄标车淘汰政策（合计）		
	费用	效益	净效益	费用	效益	净效益	总费用	总效益	净效益
唐山	9.5	18.0	8.5	4.22	87.16	82.94	13.8	105.2	91.4
廊坊	3.3	0.7	−2.6	2.4	35.36	32.96	5.7	36.0	30.4
保定	5.9	4.8	−1.1	3.99	64.88	60.89	9.9	69.6	59.7
沧州	18.0	18.2	0.2	3.17	50.78	47.61	21.2	69.0	47.8
衡水	4.5	6.1	1.6	1.38	21.02	19.64	5.9	27.1	21.3
邢台	0.5	0.0	−0.5	1.83	25.51	23.68	2.4	25.5	23.2
邯郸	13.8	8.0	−5.8	2.34	34.50	32.16	16.1	42.5	26.4

6.6.2　政策建议

（1）推进老旧车辆淘汰需要做好经济评估

黄标车淘汰政策的费用效益分析结果表明，一是越早实施黄标车淘汰政策所带来的净效益越高；二是在人口相对密集、暴露人群较多、人均 GDP 较高的城市实施黄标车淘汰政策效果越好；三是实施黄标车禁行政策的获得效益高于实施黄标车淘汰补贴政策所获得的效益。总体来看，通过淘汰补贴政策和禁行政策，有力推动了黄标车的加速淘汰，获得了较好的环境效益和健康效益。但同时也要注意到，黄标车淘汰政策，特别是黄标车的淘汰补贴政策，具有较大的不确定性，建议做好政策实施的经济评估，谨慎推行。

（2）严格实施城市禁行、限行政策

从京津冀地区实施黄标车淘汰政策的实际情况来看，黄标车淘汰补贴标准普遍低于黄标车的残值，对黄标车提前淘汰的激励作用不大，而禁行政策是促使黄标车提前淘汰的最大驱动因素。建议严格制定、实施城市黄标车禁行、老旧车辆限行政策，扩大禁行、限行范围，对违规违法上路的机动车予以严肃处罚；出台燃油排污费、差异化停车费等政策手段，加速黄标车及老旧车辆的提前淘汰。

（3）加强对黄标车的管理

在实施黄标车淘汰政策的过程中，存在京津冀地区的黄标车流转到其他地区的现象。黄标车的流转将带来污染的转移，不利于污染物减排及环境质量的改善。建议加强对车辆报废的管理，对达到强制报废年限的车辆或几年不经过年检的车辆及时进行注销。加强对二手车市场的监管，限制黄标车交易，提高黄标车交易成本。

（4）加强环境宣传教育。一是主流媒体引导社会舆论。利用电视、电台、报纸等媒体，对淘汰"黄标车"的意义和相关法规政策进行解读宣传，在全社会形成"黄标车"淘汰的正面舆论导向；二是借助网络平台，利用手机短信、微信、微博等信息平台与网民进行交流沟通，鼓励"黄标车"提前淘汰；三是借助各相关部门业务窗口大力宣传机动车污染的危害性、限行高污染"黄标车"的意义，鼓励车主主动使用节能型低排放机动车和使用公共交通出行，形成良好的舆论宣传氛围。

（5）加强环境政策费用效益分析大数据建设

全面充足的基础数据是开展环境政策费用效益分析的重要保障。在黄标车淘汰政策的费用效益分析中，由于无法获得分城市、分车型的具体黄标车淘汰数据，增大了环境效益、健康效益测算结果的不确定性。应加强费用效益分析基础数据、技术参数调查和分析，加强不同类别、不同行业、宏观经济环境等费用效益分析的信息化能力和大数据建设，提供数据质量保障。

（6）选择典型环境政策开展费用效益分析试点

黄标车淘汰政策的费用效益分析案例验证了将费用效益分析方法应用于我国环境政策中具有较高的可行性，特别是在比较分析不同政策措施的实施效率方面具有较好的应用效果，下一步可在环保立法、环保体制、环保标准、环保规划、专项行动计划、环境技术政策、环境经济政策等不同类型的环境政策制定和实施中以及在省、市、县不同层次，电力、钢铁等不同行业中开展费用效益分析试点。此外，还可开展专项性国家重大环境决策的费用效益分析试点，结合大气、水和土壤污染防治行动计划等重点环境保护工作以及环保标准实施、老旧车淘汰、油品升级等重点政策措施推进专项性环境政策的费用效益分析试点。

参考文献

[1] 董战峰，王军锋，璩爱玉，等.OECD 国家环境政策费用效益分析实践经验及启示[J]. 环境保护，2017（Z1）：93-98.

[2] 蒋洪强，程曦，刘年磊，等. 环保标准实施的费用效益分析框架及对策建议[J]. 环境保护，2016，44（14）：25-30.

[3] 蓝艳，刘婷，彭宁. 欧盟环境政策成本效益分析实践及启示[J]. 环境保护，2017（Z1）：99-103.

[4] 任勇. 环境政策的经济分析[M]. 北京：中国环境科学出版社，2011.

[5] 温丽琪，林俊旭，罗时芳，等. 台湾土壤及地下水污染场址整治行动之成本效益分析[C]. 海峡两岸土壤和地下水污染与整治研讨会，2012.

[6] 范秀英，张微，韩圣慧. 我国汽车尾气污染状况及其控制对策分析[J]. 环境科学，1999(5)：102-108.

[7] 环境保护部.中国机动车环境管理年报 2016 [R]. 北京，2016：1

[8] 环境保护部. 2010 年中国机动车污染防治年报[R]. 北京，2010：25.

[9] 环境保护部. 2015 年中国机动车污染防治年报[R]. 北京，2015：4.

[10] 环境保护部. 2015 年中国机动车污染防治年报[R]. 北京，2015：5.

[11] 环境保护部. 2015 年中国机动车污染防治年报[R]. 北京，2015：15.

[12] 环境保护部. 2015 年中国机动车污染防治年报[R]. 北京，2015：14.

[13] 环境保护部. 道路机动车大气污染物排放清单编制技术指南（试行）[R]. 北京，2014.

[14] 国家环境保护总局. 城市机动车排放空气污染测算方法（HJ/T 180—2005）[S]. 北京，2005.

[15] 陈娟，李巍，程红光，等. 北京市大气污染减排潜力及居民健康效益评估[J]. 环境科学研究，2015，28（7）：1114-1121.

[16] 於方，过孝民，张衍燊，等.2004 年中国大气污染造成的健康经济损失评估[J]. 2007，24（12）：999-1004.

[17] 韩明霞, 过孝民, 张衍燊. 城市大气污染的人力资本损失研究[J]. 中国环境科学, 2006, 26 (4): 509-512.

[18] 中国统计年鉴编写组. 中国统计年鉴 2016[M]. 北京: 中国统计出版社, 2016.

[19] 河北经济年鉴编写组. 河北经济年鉴 2016[M]. 北京: 中国统计出版社, 2016.

[20] 黄德生, 张世秋. 京津冀地区控制 $PM_{2.5}$ 污染的健康效益评估[J]. 中国环境科学, 2013, 33 (1): 166-174.

[21] 谢杨, 戴瀚程, 花冈達也, 等. $PM_{2.5}$ 污染对京津冀地区人群健康影响和经济影响[J]. 中国人口·资源与环境, 2016, 26 (11): 19-27.

[22] 林秀丽, 汤大钢, 丁焰, 等. 中国机动车行驶里程分布规律[J]. 环境科学研究, 2009, 22 (3): 377-380.

[23] Lavee Doron, Becker Nir. Cost-benefit analysis of an accelerated vehicle-retirement programme[J]. *Journal of Environmental Planning and Management*, 2009, 52 (6): 777-795.

[24] EPA. Final Plan for Periodic Retrospective Reviews of Existing Regulations[Z]. Office of Management and Budget. Guidelines to Standardize Measures of Costs and Benefits and the Format of Accounting Statements. Journal of Womens Health, 2000.

[25] National Center for Environmental Economics. Guidelines for Preparing Economic Analyses[R]. 2010.

[26] Schuetzle D. Sampling of vehicle emissions for chemical analysis and biological testing[J]. *Environmental Health Perspectives*, 1983, 47 (47): 65.

[27] Fraser M P, Cass G R, Simoneit B R T. Particulate organic compounds emitted from motor vehicle exhaust and in the urban atmosphere[J]. *Atmospheric Environment*, 1999, 33 (17): 2715-2724.

[28] Hitchins J, Wolff R, Gilbert D M L. Concentrations of submicrometre particles from vehicle emissions near a major road[J]. *Atmospheric Environment*, 2000, 34 (1): 51-59.

[29] Buckeridge DL, Glazier R, Harvey BJ, et al. Effect of motor vehicle emissions on respiratory health in an urban area[J]. Environmental Health Perspectives, 2002, 110 (3): 293-300.

[30] Ye S H, Zhou W, Song J, et al. Toxicity and health effects of vehicle emissions in Shanghai[J]. *Atmospheric Environment*, 2000, 34 (3): 419-429.

[31] Seagrave J. Relationship between composition and toxicity of motor vehicle emission samples[J]. *Environmental Health Perspectives*, 2004, 112 (15): 1527-38.

[32] Nelson P F, Tibbett A R, Day S J. Effects of vehicle type and fuel quality on real world toxic emissions

from diesel vehicles[J]. *Atmospheric Environment*，2008：42（21）：5291-5303.

[33] WHO. Air quality guidelines global update 2005[S]. Copenhagen：WHO Regional Office for Europe，2005.

[34] Doron Lavee，Nir Becker. Cost-benefit analysis of an accelerated vehicle-retirement programme[J]. *Journal of Environmental Planning and Management*，2009，52（6）：777-795.